青少年必读

海底奇异世界

吕青 主编

河南科学技术出版社
·郑州·

图书在版编目(CIP)数据

海底奇异世界 / 吕青主编. —郑州 : 河南科学技术出版社, 2013.9

(青少年必读)

ISBN 978-7-5349-6198-4

Ⅰ. ①海… Ⅱ. ①吕… Ⅲ. ①海底-青年读物 ②海底-少年读物 Ⅳ. ①P737.2-49

中国版本图书馆 CIP 数据核字(2013)第 155786 号

出版发行:河南科学技术出版社

地址:郑州市经五路 66 号　　邮编:450002

电话:(0371)65788613　　65788139

网址:www.hnstp.cn

策划编辑:孙　珺

责任编辑:张　翼

责任校对:柯　姣

封面设计:嫁衣工舍

版式设计:中图传媒

责任印制:张　巍

印　　刷:北京嘉业印刷厂

经　　销:全国新华书店

幅面尺寸:787 mm×1092 mm　1/16　　印张:12　　字数:210 千字

版　　次:2013 年 9 月第 1 版　　2013 年 9 月第 1 次印刷

定　　价:20.00 元

如发现印、装质量问题,影响阅读,请与出版社联系调换。

目　录

一、海洋的谜团

二、阴影笼罩下的海域

三、海洋文明的遗迹

四、失落的沉船与神秘的岛屿

五、奇异的海洋生物

一、海洋的谜团

神秘的海底“铁塔”

有时候，即使在平静的海底也会遇上某种离奇古怪的事件——美国“爱尔塔宁”号海洋考察船上的研究人员在深海考察时，意外地发现了一座奇异的海底“铁塔”。

1964年8月29日，“爱尔塔宁”号海洋考察船航行到智利的合恩角以西7400多千米处抛锚停泊，按照南极考察计划开始考察作业。考察人员计划在这一海区将一台深水摄像机下潜到4500米深处，对这里的海底状况进行水下拍摄。

为此，考察人员把一台特制的水下摄像机安装在一个圆柱形钢制保护壳内，用电缆线将其系在考察船上。经过一天的考察，当摄像技术员在暗室中对当天拍摄的胶片进行显影处理时，在一张胶片上意外发现了一个奇特古怪的东西，它跟其他胶片上拍摄的内容有着天壤之别。该胶片洗成照片后，清晰地显示出一个顶端呈针状的水下“铁塔”，从“铁塔”的中部还延伸出4排芯棒，芯棒与垂直的“铁塔”呈精确的90度角，每个芯棒的末端都带有一个白色小球——诸如此类的特征似乎使这个神秘的水下“铁塔”显得很像一部塔式电视发射天线。

研究人员借助电脑对这张水下神秘“铁塔”照片进行分析和研究后认为，这座水下“铁塔”是一种智能生物建造的。其实，它看上去并非固定在海底周围环境的背景中。要知道，水下摄像机能拍到这一神奇的东西简直是天大的幸运，因为海底如此浩渺无垠，况且水下摄像机已输入电脑程序，它只有间隔固定的时间后才开机拍摄。

1964年12月4日，“爱尔塔宁”号完成了考察使命，驶入新西兰的奥克兰港。考察人员将这张海底神秘“铁塔”照片拿给一名采访记者看。这名采访记者问随船的海洋生物学家托马斯·霍普金斯：“这是什么东西？”

霍普金斯回答说：“它当然不是海洋植物！在3500米深的海底根本见

不到阳光，这意味着那里不可能有光合作用，更不可能有植物存活，有可能是一种奇特的珊瑚类生物。可是，过去我们无论是谁，都从未听说过这类生物。我不想说这座神秘的海底‘铁塔’是人建造的，倘若这样，会产生一个无法解释的问题：人是以何种方式到达如此深的海底的？从照片上看，这一海底‘铁塔’无论如何也不像是一种自然形成的东西。”

不久以后，新西兰UFO研究者们把这张照片的复制品寄给从事月球遥控探测器指令研究的美国著名航天工程师霍尼，请他对此做出解释。霍尼工程师凭借他多年的研究经验认为，这个神秘的水下“铁塔”是测量地球地震活动的传感器和信息转发器。而建造者并非别人，正是来自太空的外星人，他们借助安装在最深洋底的这一地震传感器和转发器能更及时、更精确地将地震信息传送给他们的外星同胞。与此同时，还将其传送给世界各国的大地测量局。

如果霍尼工程师的这一推断正确，便会出现这样一种与事实不符的骗局：当世界各国政府获得外星人的海底传感器传来的地震信息时，往往会否认其中有外星人的参与。

那么，究竟是谁借助什么技术手段将这个水下“天线”安装在这人迹罕至的深海底的呢？

海洋形成之谜

地球刚诞生的时候，在它的表面既没有水柔浪细的河流，更没有烟波浩渺的海洋。和宇宙万物一样，海洋也有一个形成、发展和消亡的过程。那么，海洋最初是怎样形成的呢？

首先说洋盆的形成。最初的假说是“冷缩说”，认为地球是从炽热的太阳中分离出来的熔融状态的岩浆火球。由于热胀冷缩的原因，地球表面冷得快而内部冷却慢，于是外部与内部之间形成了愈来愈大的空隙。在地球旋转的过程中，空隙上方的岩体由于重力作用下沉，形成了深陷宽广的凹地，这就是最初的海洋。

还有一种假说是“分离说”。这种假说认为地球处于熔融状态时，由于太阳的引力和地球自转作用，一部分岩浆不翼而飞，形成月球，而地球上留下的窟窿便是太平洋洋盆。而且月球刚从地球分离出去时，地球发生强烈的震动，表面出现巨大的裂隙，这就是大西洋和印度洋最初的形成。

不过，这两个假说对其后的研究和发现都不能做出正确的解释，因此进入了“死胡同”，逐渐被人们所抛弃。

到20世纪初，德国气象学家魏格纳在阅读世界地图时发现大西洋东西两岸的海岸形状竟然可以像拼七巧板那样拼合起来，像一块完整的大陆，这让他顿有所悟。1912年，他提出了“大陆漂移学说”：设想地球上原来只有一块完整的大陆——泛大陆，被一片汪洋——泛大洋所包围。后来，由于天体的引力和地球的自转离心力所致，泛大陆出现裂缝，开始分裂和漂移。结果美洲便脱离非洲和欧洲，中间形成大西洋。非洲有一半脱离亚洲，南端与印巴次大陆分开，由此诞生了印度洋。还有两块较小陆地离开亚洲和非洲大陆向南漂移，形成了澳洲和南极洲。这个有趣的假说一经问世，立即受到人们的重视。但由于当时科学水平的限制，特别是大陆漂移的物理机理没有得到解决，轰动一时的假设又很快了无声息了。

直到20世纪60年代初，建立在当时的地球物理科学基础上的“海底扩张学说”应运而生，它科学地解释了大洋地壳的形成问题，在此基础上发展起来的“板块构造学说”进一步用地球板块的产生、消亡和相互作用来解释地球的构造运动。这两个学说给“大陆漂移学说”注入了更科学的新鲜血液，以“板块构造理论”的形式出现，更好地解释了海洋的形成和发展问题。板块构造理论认为，大洋的诞生始于大陆地壳的破裂。

地壳由于内部物质上涌产生隆起，在张力作用下向两边拉伸，从而导致局部破裂，形成一系列的裂谷与湖泊。现代东非大裂谷便是例子。后来大陆地壳终于被拉断，岩浆沿裂隙上涌，凝结成大陆地壳，一个新的大洋便从此诞生。有了洋盆，没有海水还是成不了海洋，海水又是从何而来的呢？然而直到今天，科学界一直对此存在着不同的看法。

多数的看法认为，大约在50亿~55亿年前，云状宇宙微粒和气态物质聚集在一起，形成了最初的地球。原始的地球，既无大气，也无海洋，是一个没有生命的世界。在地球形成后的最初几亿年里，由于地壳较薄，加上小天体不断轰击地球表面，地幔里的熔融岩浆易于上涌喷出，因此，那时的地球到处是一片火海。随同岩浆喷出的还有大量的水蒸气、二氧化碳，这些气体上升到空中并将地球笼罩起来。水蒸气形成云层，产生降雨。经过很长时间的降雨，在原始地壳低洼处不断积水，形成了最原始的海洋。原始的海洋海水不多，约为今天海水量的1/10。

另外，原始海洋的海水只是略带咸味，后来盐分才逐渐增多。经过水量和盐分的逐渐增加，以及地质历史的沧桑巨变，原始的海洋才逐渐形成如今的海洋。这是第一种有代表性的说法。

还有一种说法是，海水来自冰彗星。这是美国科学家提出的一种新的假说。这一理论是根据卫星提供的某些资料而得出的。1987 年，科学家从卫星获得高清晰度的照片。在分析这些照片时，发现一些过去从未见到过的黑斑，或者说是“洞穴”。科学家认为，这些“洞穴”是冰彗星造成的。而且初步判断，冰彗星的直径多在 20 千米。大量的冰彗星进入地球大气层，可想而知，经过数亿年，或者更长的时间，地球表面将得到非常多的水，于是就形成今天的海洋。但是这种理论也有它不足的地方，就是缺乏海洋在地球形成发育的机理过程，而且这方面的证据也很不充分。

或许只有当太阳系起源问题得到解决了，地球起源问题、地球上的海洋起源问题才能真正得到解决。

龙卷风之谜

刮风下雨本是极寻常的自然现象，但有些风和雨确实很奇异。1940 年，在高尔科夫州发生了一桩令人惊奇的事。一个炎热的夏天，在巴甫洛夫区麦歇尔村的上空突然雷雨大作，一些银币随着雨滴撒落在地上！村民发现这竟是几千枚伊凡五世时代铸造的模压花纹的硬币。

1954 年，美国小城达文港下了一场蔚蓝色的夜雨。1933 年在远东离卡瓦列洛沃镇不远的地方，暴雨带来了大量的海蜇。在许多国家还经常发生这样的事：晴朗的日子里，天上突然撒下许多麦粒，掉下橙子和蜘蛛；有时又会随雨滴落下青蛙和鱼……

其实，这些骤然看来不可思议的现象，全都是龙卷风搞出来的恶作剧！

龙卷风发生在水面上则称为“水龙卷”；如果是发生在陆地上，则被称为“陆龙卷”。龙卷风外貌奇特，它的上部是一块乌黑或浓灰的积雨云，下部是下垂着的形如大象鼻子似的漏斗状云柱，具有“小、快、猛、短”的特点。

从体积来看，水龙卷的直径大多在 100～1000 米之间。至于其风速到底有多大，科学家们还没有直接用仪器测量过，但根据龙卷风在经过的区域内做的“功”来推算，风速一般每秒可达 50 米，有时可达每秒 300 米，超过声速。所以龙卷风所到之处都被摧毁殆尽。它像巨大的吸尘器，经过地面，地面的一切都要被它卷走；它经地水库、河流常常卷起冲天水柱，连水库、河流的底部有时都被暴露出来。同时，龙卷风又是短命的，往往只有几分钟或几十分钟，最多几小时，一般移动几十米到数千米左右便“寿终正寝”了。

来去匆匆的龙卷风平均每年使数万人丧生。全球每年平均发生龙卷风上千次，其中美国出现的次数占一半以上。

1974 年 4 月 3 日，在美国南部发生了一场龙卷风，风速从每小时大约 180 千米加大到 500 多千米，卷走了 239 人，使 4000 多人受伤，24 000 多个家庭遭到不同程度的损失，损失价值约 7 亿美元。

此外，亚欧与大洋洲地区也是龙卷风的多发地区。虽然，世界各国对龙卷风的研究都很重视，但龙卷风之谜一直未能彻底解开。

龙卷风的形成一般都与局部地区受热引起上下强对流有关，但强对流未必产生“真空抽水泵”效应似的龙卷风。

苏联科学家维克托·库申提出了龙卷风的内引力——热过程的成因新理论：当大气变成像“有层的烤饼”时，里面很快形成暴雨云——大量的已变暖的湿润的空气朝上急速移动。与此同时，附近区域的气流迅速下降，形成了巨大的旋涡。

在旋涡里，湿润的气流沿着螺旋线向上飞速移动，内部形成一个稀薄的空间，空气在里面迅速变冷，水蒸气冷凝。这就是为什么人们观察到龙卷风像雾气沉沉的云柱的原因。

但问题是在某些地区的冬季或夜间，没有强对流或暴雨云时，龙卷风却也经常发生。这就不能不使人深感事情的复杂了。

不仅如此，龙卷风还有一些“古怪行为”使人难以捉摸——它席卷城镇，捣毁房屋，把碗橱从一个地方刮到另一个地方，却没有打碎碗橱里面的一个碗。被它吓呆的人们常常被它抬向高空，然后又被它平平安安地送回地上。大气旋风在它经过的路线上，总是准确地把房屋的房顶刮到两三百米以外，然后抛到地上，然而房内的一切却保存得完整无损。有时它只拔去一只鸡一侧的毛，而另一侧却完好无损。它将百年古松吹倒并捻成纽带状，却丝毫不会折损到近旁的小杨树。

龙卷风之谜，至今仍有待人们去不懈探索。

海底风暴之谜

几年前，科学家们在美国东北部大西洋沿岸的诺瓦斯科特亚南部海域考察时，有两件事使他们大为吃惊：一是从5000米深的海底采集上来的海水，竟浑浊得漆黑一团，其浑浊程度比一般大洋高出100倍；二是从海底拍摄的照片上可以看出，在平坦的海底沉积物表面出现了一道道有规则的波纹，犹如一阵大风刚刚刮过，水面留下了一片涟漪。在通常是非常平静的深海世界里，出现这种奇异的现象，实在令人费解。

莫非在深海下也出现了“风暴”？为了查明原因，美国的海洋学家和地质学家在诺瓦斯科特亚南部海进行了一次名为“赫伯尔实验”的科学考察。这次考察采集了海底水样，拍摄了海底照片，测量了海水透明度，并在海底设置了一连串的自记海流计，对底层海流进了长时间的连续测量。

最终，科学家们在“赫伯尔实验”期间又采到了浑浊的水样，再次表明实验地区底层海水的扰动确实异常强烈。还发现这里海水的浑浊程度随地点、时间变化很大，越靠近海底海水的浑浊度越高；有一个地点的海水非常浑浊，可是一个星期后又突然变清了。

实验中还发现这里海水透明度的变化也很大。有一架透明度仪观察到3次极端黑暗期，每次持续3~5天，黑暗程度达到伸手不见五指，比世界上任何河口、港湾的海水都浑浊。

科学家们认为，这是由于有一股1千米长的沉积物“云雾”状潜流在海底滚滚奔腾的结果。它犹如刮起的一股海底“风暴”，非常猛烈，将海底沉积物刮起，使海水变得异常浑浊。

但是，这股深海潜流为什么如此激荡呢？有的海洋学家认为，这是从附近流来的一股强大的海流——墨西哥湾流左右摆动的结果；另一些海洋学家认为，该海区有一南一北走向的海底隆起，这种上下起伏的地方使深海水激烈地扰动；还有一些科学家指出，在“赫伯尔实验”区域的南部有水下死火山山脉，这种海底起伏也能够改变海流方向，形成剧烈的旋涡。

直到现在，科学家们还是众说纷纭，而有关这支深海潜流产生的原因，仍是一个有待揭示的自然之谜。

最初的海水哪里去了

科学家们普遍认为海洋是古老的，而洋壳是年轻的。那么随之而来的问题就是，海洋里应该有45亿年以前的海水才对。然而，这么古老的海水至今还没有找到。

迄今为止，确定海水年龄的最有效方法是碳14放射性元素衰变测定法。在世界海洋的许多区域，由于温度下降或含盐量的增加，形成表面水的密度不断增加并向深处下沉。所以，一定的水体在海面上存留的时间应该反映海水的实际年龄。但是，测量得出的各种水体年龄并没有像想象的那么古老：北大西洋中层水为600年，北大西洋底层水为900年，北大西洋深层水为700年；测量到的南太平洋深层水所得到的年龄范围在650～900年之间。

这里就产生了一个疑问：与地球年龄差不多一样古老的海水到哪里去了？从理论上说，海水应该是古老的，起码要比洋壳老得多，然而测得的结果却令人迷惑不解。难道说古老的海水真的在海洋中消失了吗？

海底玻璃之谜

我们每天都要与各种各样的玻璃制品打交道，如玻璃杯、玻璃灯管、玻璃窗户等等。普通的玻璃，以花岗岩风化而成的硅砂为原料，在高温下熔化，经过成型、冷却后便成为我们所需要的玻璃制品了。

然而，在很难找到花岗岩的大西洋深海海底，居然也发现了许多体积巨大的玻璃块，这真是一件非常奇怪的事。

为了解开这个海底玻璃之谜，英国曼彻斯特大学的科学家们进行了多方面的分析和研究。

首先，这些玻璃块不可能是人工制造以后扔到深海里去的，因为它们的体积巨大，远非人工所能制造。有些科学家认为，这种玻璃的形成有可能是海底玄武岩受到高压后，同海水中的某些物质发生一种未知的作用，生成了某种胶凝体，从而最终演变为玻璃。如果这真是属实的话，今后的玻璃生产就可以大大改观了。现在我们制造一块最普通的玻璃，都需要1400～1500℃的高温，而熔化炉所用的耐火材料受到高温玻璃溶液的剧烈侵蚀后，会产生有害气体，影响工人的健康。假如能用高压代替高温，将会彻底改变这种存在危害的状况。

根据这个设想，有些化学家把发现海底玻璃地区的深海底的花岗岩放在实验室的海水匣里，加压至400个大气压力，结果是根本没有形成什么

玻璃。奇怪的海底玻璃到底是怎样形成的呢？迄今仍然是一个未能解开的自然之谜。

南极超级巨湖之谜

在南极 4000 米厚的冰层下，静静地躺着一个巨大的湖泊，厚厚的冰盖将它与外面的世界隔绝长达数千万年。这里可能是我们所不知道的很多种生物的家。我们能否不进行任何破坏而揭开它们隐藏的秘密呢？

南极大陆坐落在一处冰冻地带，它被好几千米厚的冰层覆盖，这层冰雪已经将其他生动鲜活的生物圈与它隔绝了千百万年。在 2007 年国际极地年期间，科学家希望从这个神秘的不为人知的世界里发现一些亮点。他们面临的其中一个大疑团是，在南极这个被冰雪封冻的大陆下，被封冻在一处大约是约克郡面积的两倍的地面下的超级巨湖里是否有生命存在？

这个湖名叫沃斯托克湖，被封冻在 4000 米厚的冰层下，它是俄罗斯科考站在 30 多年前发现的，但直到 20 世纪 90 年代初期才通过人造卫星和地震测量法证明它的存在。直到这时，它那广阔的面积才成为众所周知的事情。沃斯托克湖比安大略湖的面积更加广阔，据估计它大约有 500 米深。它是如此庞大，打个比方，它可以源源不断地为伦敦提供 5000 年全部人口的淡水！但是沃斯托克湖最最有趣的一方面却是，从它被埋入地下的那一天开始算起，它似乎已经与外界隔绝至少 1500 万年了。

沃斯托克湖是目前已知的被覆盖在南极洲庞大冰盖下的 150 个冰下湖中的一个，但它是目前已知的最大淡水湖，科学家对它产生了非常浓厚的兴趣，希望从它身上发现一些南极未知生命的秘密。南极东部这块世界最大冰层产生的巨大压力使沃斯托克湖免遭冻结。据猜测，仅是巨大冰层底部的湖表面几米的地方被冻结，冰盖下这层冰被称为积冰。厚厚的冰盖让日光无法射进湖中，因此湖中的任何生命要想在这个漆黑的世界中生存，必须借助一系列化学能量。

科学家认为，湖底排放的地热可能为湖里的微生物提供了热能。但是没有来自湖中的直接样本，这些都只是一种猜测。说来也巧，这口湖就静静地躺在俄罗斯科考站的所在地沃斯托克。这座科考基地是在冷战期间建立的。在它建立很久后苏联科学家才意识到这口湖的存在。凑巧的是沃斯托克科考站也是地球上最冷的地方，冬天的温度可降至零下 80℃。

很多年以前，俄罗斯科学家就开始利用一种可造成污染的方法钻穿湖上的冰层，这些方法包括向钻孔中填充煤油以防止它再次冻结（煤油的凝结点比水低）。8 年前，这些科学家钻到离液态水还差几米的地方，在钻头碰到冰层下的积冰时，他们终止了钻孔活动。

他们的行为可以理解，因为他们和其他南极科学家都担心钻孔过程中的煤油和任何来自未经消毒的钻孔设备的细菌都有可能污染这个大湖。对积冰样本的分析显示，有微生物生命存在的迹象。但这些发现还未被证实。在 8 年的间歇后，来自俄罗斯和法国的一支科考队再次利用一种不同的方法——用消过毒的“液体缓冲器”钻孔。这种液体比煤油更重，这种方法的设计目的是使这种液体沉到钻孔底部，防止污染湖水。

科学家希望在明年钻透最后几米积冰，从表面取出固态样本，对微生物生命进行测验。这是一个具有挑战性的计划，但并不是所有的人都对这项工作感到满意。英国南极调查局的科学家柯南·埃利斯·埃文斯说道：“在南极工作要遵循的第一条原则是这项工作是否会给南极洲的任何事物带来破坏，目前这项工作就会。他们说他们的方法将不会污染这口湖，但这是任何一项工作都妄想实现的目标。”

然而，还有另一个原因可以说明有关这个钻探计划为什么不是一个好主意。对沃斯托克湖提出的基本假设是它已经与其他生物圈隔离了数百万年。假如这样的话，在以前的很长一段时期内这个湖中的任何生命都在一个比其他已知微生物所处的更孤立的环境中慢慢进化。但英国科学家在去年发现，南极洲的地下湖并不是孤立的，它们通过江河网络彼此连接，因此可能与其他生物圈有联系。人们除了对是否这口湖中的生命是在孤立环境中进化存在疑问外，他们还不得不对是否会因为一口湖的灾祸而使整个水域网络受到污染问题予以考虑。

由伦敦大学学院的邓肯·温汉姆博士领导的一个科研组发现，在南极的像泰晤士河一般大的地下河可能有好几百千米长，它们在这些冰层下从一个湖流向另一个湖。他说："以前认为在冰下运动的水的流速非常慢，但是这个最新数据显示，这些冰层下的大湖常常会像香槟酒喷出一样快速奔流。喷涌而出的水会流向很远的地方。"

这个英国科研组包括来自英国自然环境研究理事会极地观测和模型中心的研究员。他们在观测中发现南极洲地下河地区的冰层表面下沉，其他地方的冰层隆起。这种变化显然是由冰层下面巨大体积的水流在突然和急速的运动时造成的。

温汉姆博士解释说："这些湖就像绳子上的一串珠子，这里的湖都是由一根线连着的珠子。通常，这一串湖间的流动很缓慢。然而，如果其中一口湖所承受的压力超过限度，汹涌的洪水就会突然注入这条线上的另一口湖中。一旦这根'锁链'开始流动，它上面的冰层就会很快被溶掉，这将是个无法控制的局面。是否紧接着会在这条线上发生连锁反应，或者是否不久后这些湖会从这里消失也是一个我们至今还不知道答案的至关重要的问题。"

这一新发现也引出了一些新问题，如利用无法保证无菌的设备钻穿沃斯托克湖。像温汉姆博士所说："这种做法可能会引入新的微生物。我们的数据显示，任何污染都不只局限在一口湖中，而是随着时间的流逝逐渐延伸到整个江河网络中。我们曾经只将这些湖看做孤立的生物学实验室，现在我们必须重新考虑一下了。"

神秘的海底磁性条带

19 世纪末，著名物理学家居里在自己的实验室里发现磁石的一个物理特性，就是当磁石加热到一定温度时，原来的磁性就会消失。后来，人们把这个温度称作"居里点"。

在地球上，岩石在成岩过程中受到地磁场的磁化作用，获得微弱磁性，并且被磁化的岩石的磁场与地磁场是一致的。换句话说，就是无论地磁场怎样改换方向，只要它的温度不高于“居里点”，岩石的磁性是不会改变的。根据这个道理，只要测出岩石的磁性，自然能推测出当时的地磁方向。这就是在地学研究中人们常说的化石磁性。在此基础之上，科学家利用化石磁性的原理研究地球演化历史的地磁场变化规律，即古地磁学。为了寻找大陆漂移说的新证据，科学家把古地磁学引入海洋地质领域，并取得了令人鼓舞的成绩。

第二次世界大战之后，科学家使用高灵敏度的磁力探测仪，在大西洋洋中脊上的海面进行古地磁调查。之后，人们又使用磁力仪等仪器，以密集测线方式对太平洋进行古地磁测量。两次调查的资料使人们惊奇地发现，在大洋底部存在着等磁力线条带，而且呈南北向平行于大西洋中脊中轴线的两侧，磁性正负相间。每条磁力线条带长约数百千米，宽度在数十千米至上百千米之间不等。海底磁性条带的发现，成为20世纪地学研究的一大奇迹。

1963年，英国剑桥大学的一位年轻学者F. J. 瓦因和他的老师D. H. 马修斯提出，如果“海底扩张”曾经发生过，那么大洋中脊上涌的熔岩在其凝固后应当保留当时地球磁场的磁化方向。也就是说在洋脊两侧的海底应该有磁化情况相同的磁性条带存在。当地球磁场发生反转时，磁性条带的极性也应该发生反转，磁性条带的宽度可以作为两次反转时间的度量标准。这个大胆的假说，很快就被证实了。人们在太平洋、大西洋、印度洋都找到了同样对称的磁性条带。不仅如此，科学家还计算出在7600万年中，地球曾发生过171次反转现象。

研究还发现，地球磁场两次反转之间的时间最长周期约为300万年，最短的周期约为5万年，两次反转的平均周期约为42万~48万年。目前，地球的磁场方向已保留70万年了，所以，人们预感到一个新的磁场变化可能正在向我们靠近。

对于海底磁性条带的研究仍在继续之中，许多问题仍找不到令人满意的答案。例如，对于地球磁场为什么要来回反转这个最基本的问题，就无法解释清楚。尽管科学家们提出过种种假说，但其真正的原因还是不清楚的。也就是说，地球发生磁场转向的内在规律之谜，有待于科学家们去继续探索。

深海“黑烟囱”之谜

截至9月14日，执行我国首次环球大洋科学考察任务的“大洋一号”远赴深海已有160多天。此次考察首次获得大量深海热液喷口附近的硫化物与沉积物样品，不仅为研究地球科学及极端环境下的生命科学提供了宝贵的第一手资料，也表明我国多学科大洋考察正与世界海洋科学接轨。

“热液硫化物”主要出现在2000米水深的大洋中脊和断裂活动带上，是一种含有铜、锌、铅、金、银等多种元素的重要矿产资源，对于它的生成原因，海洋科学家们经过实地考察后认为：“热液硫化物”是海水侵入海底裂缝，受地壳深处热源加热，熔解地壳内的多种金属化合物，再从洋底喷出的烟雾状的喷发物冷凝而成的，被形象地称为“黑烟囱”。这些亿万年前生长在海底的“黑烟囱”不仅能喷“金”吐“银”，形成海底矿藏，具有良好的开发远景，而且很可能和生命起源有关，具有巨大的生物医药价值。

“黑烟囱”是耸立在海底的硫化堆积物，呈上细下粗的圆筒状，因形似烟囱状，所以被科学家形象地称为“黑烟囱”。它们的直径从几厘米到2米，高度从几厘米到50米不等。位于海底的“黑烟囱”堆积群及其堆积物有点像教堂或庙宇建筑的复杂尖顶，规模较大的堆积物体积可以达到体育馆大小，甚至更大。

专家们认为，海底“黑烟囱"的形成过程很复杂，它与矿液和海水成分、温度间存在的差异有关。由于新生大洋地壳或海底裂谷地壳的温度较高，海水沿裂隙向下渗透可达几千米，在地壳深部加热升温后，淋滤并溶解岩石中的多种金属元素，又沿着裂隙对流上升并喷发。它们刚喷出时为澄清的溶液，与周围的海水混合后很快变成“黑烟”并在海底及其浅部通道内堆积成硫化物。

目前科学家已经在各大洋的150多处地方发现了“黑烟囱”区，它们主要集中于新生的大洋地壳上，如大洋中脊和弧后盆地扩张中心的位置上。2003年“大洋一号”开展了我国首次专门的海底热液硫化物调查工作，拉开了进军大洋海底多金属硫化物领域的序幕。经过长期不懈的“追踪”，终于发现了完整的古海底“黑烟囱”，它们的地质年龄初步判断为14.3亿“岁”。这不仅进一步了解了大洋深处海底热液多金属硫化物的分布情况和资源状况，也为地球科学从理论上有一个新的质的飞跃做了铺垫。

在这些炽热的“黑烟囱”周围活跃着一个崭新的生物群落——热水生物，比如长达3米而无消化器官，全靠硫细菌提供营养的蠕虫；特殊的瓣鳃类、螃蟹类。它们的存在说明地球上不仅有人们所习惯的在常温和有光的环境下通过光合作用生产有机质的“有光食物链”，还存在着依靠地球内源能量即地热支持，在深海黑暗和高温高压的环境下，通过化合作用生产有机质的“黑暗食物链”。这条“黑暗食物链”构成了繁荣的深海生物圈。换言之，因为生活在海洋深处，阳光无法照射到那里，它们不能依靠光合作用来合成生命物质，只能通过自身的化学反应合成生命物质来生存。

在这里，海水的水温高达350℃，生物生活在既无氧也无光的高温高压环境下，依靠氧化大量有毒有害的硫化物获得生命的能量。这种生存环境，很类似地球早期环境的极端高温环境：热泉水温高达350℃、周围水温为2℃、水深2000～3000千米、缺氧、遍布还原性的有毒气体和金属离子。

一些生物基因组的研究还发现，这里的生物非常原始，接近所有生命的共同祖先。科学家们为此提出，生命莫非就是起源于这些“黑烟囱”的周围物质？

另外，海底“黑烟囱”周围生物的多样性和生物密度也可与热带雨林相媲美。目前新发现的生物种类已经达到了10个门类500多个种属。这个发现也同样令人兴奋。

同时科学家们已对生存在深海高温下的细菌进行开发、利用，着手提取新型的生物酶，进行新医药和洗涤剂的实验。

这些“黑烟囱”不但为大量深海生物生存提供了生存环境，它们还能在短时间内为人类提供所需要的宝贵矿物。

“黑烟囱”喷出的炽热溶液里富含铜、铁、硫、锌，还有少量的铅、银、金、钴等金属和其他一些微量元素。当这些热液与4℃的海水混合后，原来无色透明的溶液就成了黑色的金属硫化物溶液。

这些物质往上跑不了多高，就会像天女散花般地从烟柱顶端四散落下，沉积于烟囱的周围，从而形成含量很高的矿物堆。这一过程历经的时间很短，一般来说，从一个“黑烟囱”开始喷发到最终“死亡”，只要十几年到几十年，不过在这么短的时间里，它却可以累积造矿近百吨。

与此相比，现在人类开采的石油、煤、铁等矿产，则经历了更长的历史，大多要若干万年才能成矿。而“黑烟囱”通过化学作用来造矿，就大大地缩短了成矿的时间。而且这种矿基本没有土、石等杂质，都是些含量很高的多种金属的化合物，稍加分解处理就可以利用。

科学家为我们描述了这样一幅非常生动形象的“海底图画”：全球大洋底长达4万千米的大洋中脊首尾相接，其上不断有浓密的黑烟（热液）喷发，形成了无数的金属硫化物“黑烟囱”，然后它们又不断地生长坍塌，形成了海底矿床；在海底火山口处有钴结壳；广袤的海底盆地也大量地分布着许多金属结核。

现代海底“黑烟囱”及其硫化物矿产的发现，是全球海洋地质调查近10年中取得的最重要的科学成就之一。近些年来，海底热液活动及其多金属硫化物、生物资源之所以为国际社会常年关注，成为国际科学前沿的课题，主要是基于其科学意义和资源潜力。人类经过二十多年不懈的调查研究，对大洋底多金属硫化物的了解还只是初步的。两组数据可以说明这一点，一是60 000千米的大洋中脊，人类只对其中的5%有相应的了解；二是截至目前，人类在全球发现的海底热液硫化物分布区不超过200处。很显然，许多海域还有待于人类更深入的探索和研究。

海底锰结核成因之谜

海底锰结核是由英国人首先发现的。1873 年 2 月 18 日，英国“挑战者" 号考察船来到加那利群岛西南约 300 千米的海面进行海底取样调查，结果从海底捞上来几块像黑煤球的硬块。船上的几位科学家谁都没有见过这种黑色的卵石块。后来，这些“黑卵石块”被送回英国，经过化验分析，才知道它不是化石，而是含有大量锰、铁、铜、镍、钴等元素的矿石。后来，人们给这种矿石起名叫“大洋锰结核”或“大洋多金属结核”等。由于锰结核矿大量存在于世界各大洋之中，是海洋中最有价值的矿产，所以进入 20 世纪 70 年代后，世界上有条件的海洋国家，投以巨资，对大洋锰结核矿进行调查，研究其开发的可能性。

尽管人们已经花了大量的人力和物力去研究海底锰结核，然而大洋锰结核的成因之谜仍未解开。科学家提出种种成因假说，但是每种假说都有其不够完善的地方。

关于锰结核成因问题的研究，主要是围绕着三个问题进行：什么是锰结核构成元素的供给源？锰结核的沉积地点是怎样形成的？锰结核的生长机理是什么？

关于锰结核的金属供应源问题，科学家提出四种方式：一是大陆或岛屿上岩石风化后分解出了金属离子，被风或是河流带人海洋。二是海底火山、海底风化和水溶液可以为锰结核提供所需的金属元素。三是海水本身是盐类溶液，它可能是最重要的金属元素供应源。四是宇宙尘埃等外空物质也能形成锰结核的元素供给源，尽管它的数量不大。

这些元素通过各种渠道和不同的搬运方式，来到具备形成锰结核的“核”上，经过漫长的岁月，形成了结核，最后形成大小不等的锰结核。在研究这些金属元素的搬运方式上，科学家们没有多大的争议，大家都赞成是通过海水溶解后来到锰结核的“核”上的这一说法。

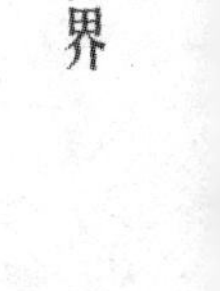

然而，科学家对锰结核的生长机理却存在着较大的分歧。围绕着锰结构的生长机理，人们提出了种种理论模式，概括起来主要有三种。

第一种为自生化学沉积假说，或者叫作接触氧化和沉淀说。这种观点认为，当海底的 pH 值增高时，氢氧化铁便会围绕一个核心进行沉淀，氢氧化铁的沉淀物可吸附锰离子，并且产生催化作用，促使二氧化锰不断生成。这种解释虽给人以启发，但是它仍有不完备的地方。

第二种假说是生物成因说。这种理论的根据是，用扫描电子显微镜观察锰结核的表面和内部细微构造时，发现结核的表面有很多由底栖微生物形成的空管和微孔，当其形成管子时，便摄取了大量的微结核于壳内。

第三种假说是火山活动说。这种理论认为，火山爆发喷发出大量气体，在气体从熔岩中析出的过程中，伴随着大量的锰、铁、铜及其他微量金属。这些微量金属进入海水中后，沉淀出铁的含水氧化物，使锰和其他金属经过氧化富集、沉淀，形成锰结核矿。对于这种假说，有人提出：很多非火山活动海域内也发现大量的锰结核，这又该如何解释呢？

平顶海山是怎么形成的

太平洋的中部与西部，即夏威夷群岛、加罗林群岛、马绍尔群岛和斐济群岛一带的深海底部，有一座座奇异的海山，它们的顶部像被截掉了一样，都是非常平坦的，被称为“平顶海山”。这种海山除太平洋外，大西洋和印度洋中也存在，或是孤耸于海底，或是成群出现。平坦的顶部为圆形或椭圆形，直径一般从几百米至二三十千米，顶部离海面最浅为 400 米，最深 2000 米，平均为 1300 米。其顶部如此平坦，原因何在？

一些科学家从平顶海山的顶部打捞到圆形的玄武岩块，它们是火山顶的原有形状。因此，有人认为它们可能是一座座海底火山，顶部是火山口，被火山灰等物质填平了，所以呈现为平顶。

20 世纪 50 年代，从太平洋西南的平顶海山顶部打捞出 6 种造礁珊瑚、厚壳蛤以及层孔虫等生物化石。此后在太平洋中部也有类似的发现。这表明平顶海山顶部过去有过珊瑚礁发育。造礁珊瑚要求生活在有光照的水体里，因而其生存最大水深在 50 米左右。

可见，曾有一段时间海山顶部的水深不超过 50 米。由于此时海山顶部离海面近，风浪就有可能将其削平，并在其上发育造礁珊瑚。后来，海山下沉，沉到水深 400 米以下的地方，所以平顶海山上就残留着以前发育的造礁珊瑚和其他喜礁生物。

但是美国一些科学家指出，海山不一定发生过上升或下降，而是在冰川时期，海平面大幅度下降，使海山顶部露出海面被风浪削平。但海平面能否下降几百米以至几千米，目前还没有可靠证据。况且，有的平顶海山顶部宽达 40 ~ 55 千米，说它被风浪削平，似乎令人难以置信。

还有的学家认为，太平洋的平顶海山位于一片原来隆起的地壳上，致使海山顶部接近海面，被风浪削平。尔后，整个隆起下沉，便形成今日平顶海山的面貌。但这个隆起地壳是否存在，也无法被证实。

海滩古井之谜

1962 年夏天，一位到海边捞虾的青年发现南澳海滩上有一口水井，并在井口四角的石缝中捡到四枚宋代铜钱，分别镌刻有“圣宋元宝”“政和通宝”“淳熙元宝”“嘉定通宝”的字样。这是海滩古井在中华人民共和国成立后第一次被发现。

这口古井是用花岗岩条石砌成的，呈正方形，口径约 1 米，深约 1.2 米。在这样一片连接浩瀚大海的海滩上，怎么会有这样一口古井呢？更加令人不解的是：尽管古井常常被海浪、海沙淹没，一旦显露，井水便奔涌不息；尽管四周是又咸又苦的海水，涌出的井水却清澈纯净、清甜爽口。

经有关专家考察分析，发现古井所处的海滩原是滨海坡地，后因陆地不断下沉形成海滩，古井也就被海沙吞没了。被厚沙覆盖的古井，一般难以被人察觉，但当特大海潮袭来，惊涛骇浪卷走大量沙层时，它便会裸露出来。这种井露现象，继1962年夏天之后在1969年7月、1978年10月和1981年9月均发生过，而且都是在强台风掀起的罕见大潮后出现的。

据有关资料和当地许多人回忆几次井露的不同位置和形状来看，古井不止一个。事实上当地也曾传闻，说是当年挖筑过“龙井”“虎井”和“马槽”三口井。据分析，1981年9月显露的是“马槽”井，现在已被南澳县人民政府列为县级重点文物加以保护。

众所周知，沿海的滩地多为盐碱地，地下水因海水内浸，多半为咸水或半咸水，不能灌溉庄稼，更不能饮用。但南澳岛上的这个海滩古井却不然，不仅井泉喷涌，而且水质清甜，即使把苦咸的海水倒入古井，隔一会儿，井水依然纯净清甜。

因为古井水比当地自来水还纯净，所以每当古井出现时，本县乃至潮汕、广州等地许多人不辞辛苦，前来观赏和汲水，捎回家中珍藏。据说此水贮存十几年也不腐，而且水质仍旧纯净。这个谜底还有待人们去进一步研究和揭晓。

海水会越来越咸吗

海水为什么是咸的？它会不会随着时间的推移变得越来越咸？多少年来，人们一直没有找到一致的答案。

海水之所以咸，是因为海水中有3.5%左右的盐。其中大部分是氯化钠，还有少量的氯化镁、硫酸钾、碳酸钙等。正是这些盐类使海水变得又苦又涩，难以入口。那么这些盐类究竟来自何方？

有的科学家认为，地球在漫长的地质时期，刚开始形成的地表水（包括海冰）都是淡水。后来由于水流冲刷侵蚀了地表岩石，岩石中的盐分不断地溶于水中。这些水流又不断地汇成大河奔腾入海，使大海成了盐类的最后归宿。随着水分不断蒸发，盐分逐渐沉积，天长日久，盐类越积越多，于是海水就变成咸的了。这是一种“后天说”。按此说推论，随着时间的流逝，海水将会越来越咸。

有的科学家不同意上述看法。他们认为海水一开始就是咸的，是先天就形成的。根据他们的观测研究发现，海水并没有越来越咸，海水中的盐分并没有显著的增加，只是在地球的各个地质历史时期，海水中所含盐分的比例是不同的。

还有一些科学家认为，海水之所以是咸的，不仅有先天的原因，也有后天的原因；不仅有大陆上的盐类不断加入到海洋中去，而且在大洋底部随着海底火山喷发，海底岩浆溢出，也会不断地给海洋增加盐类。这种说法得到了大多数学家的赞同。

也还有一些科学家以死海为例指出，尽管海洋中的盐类会越来越多，但“物极必反”，随着海水中可溶性盐类不断增加，它们之间会变成不可溶的化合物沉入海底，久而久之被海底吸收，海洋中的盐度则可能保持平衡。

看来，这个谜还有待进一步探索。

六大海底谜团

地球有71%的表面是海洋，辽阔的海洋与人类活动息息相关；海洋是水循环的起始点，又是归宿点，它对于调节气候有巨大的作用；海洋为人类提供了丰富的生物、矿产资源和廉价的运输，是人类的一个巨大的能源宝库。随着科技的进步，人类对海洋的了解正日益深入，但神秘的海洋总以其博大幽深，吸引着人们对它的思索。

谜团一：太平洋洋脊偏侧之谜

从全球海底地貌图中可以看到，海底地貌最显著的特点是连绵不断的洋脊纵横贯通四大洋。根据海底扩张假说，洋脊两侧的扩张应是平衡的，大洋洋脊应位于大洋中央，但太平洋洋脊则不在太平洋中央，而偏侧于太平洋的东南部，并在加利福尼亚半岛伸入北美大陆西侧。显然，从加利福尼亚半岛至阿拉斯加这一段的火山、地震、山系等，难以用海底扩张假说解释其成因。那么，太平洋洋脊为什么偏侧一方？北美西部沿岸的山系、火山、地震等又是怎样形成的？这是有待进一步探索的问题。

谜团二：西太平洋洋底地貌复杂之谜

由于太平洋洋脊偏侧于东南方，在太平洋东部形成了扩张性的海底地壳：东太平洋海隆。但在太平洋中西部广阔的洋底，地貌复杂，存在着一系列的岛弧、海沟、洋底火山山脉和被洋底山脉、岛弧分隔的较小的洋盆等，看来并不完全像是由海底扩张所产生的洋底地貌，而更像是古泛大洋洋底的一部分。因为海底扩张所形成的地貌，除了海沟、岛弧、沿岸山脉外，大部分应是较为平坦的。但是对于从洋脊到海沟一定倾斜的海隆地貌，却至今还没有较公认、一致的看法。

谜团三：北冰洋的海底扩张是否仍在继续

北冰洋是四大洋中最小的，又存在广阔的大陆架，有人把它看成是大西洋的一部分，即大西洋北部的一个巨大的“地中海”。虽然北冰洋也存在大洋中脊：北冰洋中脊（南森海岭），但在整个北冰洋地区，火山、地震活动是很微弱的。

有科学家曾经做过统计：从1900～1980年，北纬70°以北只发生了40次6级以上的地震。一般认为是北极厚厚的冰盖阻止了地震的发生，但也有观点认为至少还有一个原因不能忽视，即地球自转产生的偏向赤道的离心力会使地球内部的能量向中、低纬度转移，从而削弱了两极地区的活动。而在南纬70°以南的地区，从1900～1980年也只记录到1次6级以上的地震。

一般来说，任何快速自转的天体，其两极地区的活动均会受到削弱。太阳黑子活动主要发生在南北纬35°之间，亦可能与其快速自转有关。地球作为一个快速自转的天体，北冰洋的地震和海底扩张活动就不能不受到影响，从其地震、面积、无深海沟等情况判断，北冰洋的海底扩张即使没有停止，也是非常微弱的。

谜团四：阿留申岛弧之谜

阿留申岛弧是地震频繁的地区之一。令人感兴趣的是，阿留申岛弧向南弯曲，这种形状似乎显示是有一种自北向南的力推动形成的，如史前冰川的推动等。另外，阿留申岛弧南侧的深海沟表明，太平洋的海底扩张对其的作用是向北推进的，但从太平洋洋脊位置来看，太平洋洋脊伸入到北美大陆，南北向偏东分布，其扩张方向应是向西偏北，而不应向北，那么，阿留申海沟是如何形成的呢？

谜团五：无震海岭与大陆平静山系的形成

一般认为大洋中脊是大洋地壳的诞生处，大陆边缘的山脉是海底扩张运动的结果，它们的成因可得到较完美的解释。但在各大洋中，还存在着许多无震海岭，它们与大陆内部的一些平静、古老的山系一样，仍未得到较为公认的解释。美国有人提出所谓“热点说”，试图解释无震海岭的形成，他们认为热点处火山活动的源地固定于板块之下的地幔深处，当板块移过热点上面时，随着热点处岩浆不断喷发形成火山，就可以形成一列沿着板块运动方向的火山脊或火山链，即无震海岭。

谜团六：南北半球地震不均衡

科学家曾对南北半球发生在 1900～1980 年间 6 级及 6 级以上共 7936 次地震做过统计，结果发现南北半球发生地震的次数是不均衡的：北半球共发生了 4634 次，南半球只发生了 3277 次，赤道发生了 25 次，北半球比南半球多四成以上。纵观世界火山、温泉分布图，亦可发现北半球要比南半球多，这是什么原因呢？

由于南北半球海陆分布的不均衡特征，很容易使人联想到，海陆分布情况可能影响到地球内能的释放。我们知道，温泉、火山、地震都是地球释放内能的方式，来自地热流的研究给我们这样的启示：地热流是地球内能释放的最基本的形式，地球的内能通过地热流连续不断地经由地壳释放出来，地壳是地球内能释放的最主要障碍；由“地壳均衡假说”可知，大陆地壳远厚于大洋地壳；又据有关资料显示，大陆地壳的平均厚度为 35 千米，海洋地壳的平均厚度仅为 6 千米。

不难想象，地球的内能通过大陆地壳要比通过海洋地壳困难得多。由于北半球大陆板块面积比南半球要大，而南半球的大洋板块面积比北半球

的要大，因此，北半球的内能更多地受阻于大陆板块，通过地热流释放出来的内能就要比南半球少一些，这些受阻的内能在大陆板块下面积聚，并在地球自转的作用下向中低纬转移，当这些能量积聚到一定的程度，就可能冲破地壳，在一些地壳较薄弱的地带（如板块边缘）以火山、地震等形式释放出来。在一个较长的时期内，南北半球各自释放的总内能应趋于均衡，即北半球通过地热流、温泉、火山、地震等形式释放出来的内能近似等于南半球通过地热流、温泉、火山、地震等形式释放出来的内能。由于北半球通过地热流释放的内能要比南半球少，其累积的能量就通过火山、地震、地热等活动释放出来。这就是北半球为什么比南半球多火山、地震的原因。

不过，这种理论并不被地质学界所普遍接受，仍然有太多的疑问需要进一步的研究方能真正解释。

大西洋中脊之谜

仅次于太平洋的世界第二大洋——大西洋，是古罗马人根据非洲西北部的阿特拉斯山脉命名的。大西洋也是最年轻的海洋，它是由大陆漂移引起美洲大陆与欧洲和非洲大陆分离后而形成的。虽然现在还没有足够的证据证明，大西洋早在1亿~1.2亿年前就已存在，但大多数科学家都承认，美洲大陆是在近2亿年内随着大陆漂移才开始与欧洲和非洲大陆分离的。分离的中心点位于冰岛北部的某处，所以这些大陆的边缘如同一把张开的大剪刀的刀刃；分离的中央是大西洋海岭，它是地球上最大的海底山脉——大西洋中脊的一部分。

大西洋中脊绵亘7万多千米，宽约1500千米，它穿过了所有海盆。大西洋海岭又是世界大洋中脊中比较典型的部分。它最明显的特点就是高度变化幅度大，从深海平原开始，海岭逐渐升高，形成了崎岖不平和有大断裂的海底山峰，峰巅距水面约1800米，距海底约1000~3000米。沿海岭中轴有一条很深的裂谷，谷底比侧峰低约1800米，宽约21~48千米，这个裂谷是大西洋海底两侧的分裂带。

很早以前，有经验的航海家横渡大西洋时，就感觉到大西洋中部似乎有一条平行于子午线的水下山脊。随着深海测量技术的发展和海洋地质工作者的不断深入探索，人们已经证实了这条巨大的大西洋中脊的存在。

著名的大西洋中脊自北部的冰岛起，至南部的布维岛止，长约15 000千米，巍然耸立于洋底，山脉走向也与两岸轮廓一致，呈“S”形，距东西两岸距离几乎相等。故因其位置居中，得名“中脊”。

大西洋中脊平均高出海底2000米左右，有的地方高出4000米，部分地方甚至高出海面成为岛屿，如冰岛、亚速尔群岛、圣赫勒拿岛、圣帕维尔岛、阿森岛和特里斯坦—达库尼亚群岛等，并常构成火山岛。像亚速尔群岛、加拿列群岛等都发现有活火山活动，沃兹涅先尼亚群岛和冰岛也是由火山构成的。例如，1957年9月27日，亚速尔群岛的法亚尔岛上的居民发现了一种奇怪的海浪，接着看到水中升起一根巨大的蒸气柱，强烈的震动开始了，震撼着整座岛屿，被称作卡皮利纽斯的水下火山就这样喷发了。这一夜之间，在原来水深50米的地方，由火山喷出物突出海面形成一座山丘，这块新的陆地已高出水面115米。火山喷发口的地壳好像在喘息，致使新形成的岛屿随之上起下落，到第81天，从火山口向海里流出一条条熔岩的火河。

1963年11月14日，在冰岛以南的大西洋中，渔民们发现海面上升起一团团浓烟，接着水中不断抛出石块，10天之后，形成一座长900米、宽650米、高出海面100米的岛屿，这座新岛屿被命名为苏尔特塞岛。这次造岛活动持续一年半之久，到1965年春季才结束。

据调查，仅在与大西洋中脊断裂带相联系的冰岛，就拥有200多座活火山。资料表明，从17世纪至19世纪，亚速尔群岛上至少已观察到7次火山喷发，并多数形成新的岛屿。由于火山喷发而产生的疏松物很难抵御凶猛的海浪冲击，因而人们看到的新岛屿，常常是上部已被珊瑚堆积的平顶海山。

大西洋中脊另一个引人注目的特点是，沿着中脊的轴部，有一个纵向的中央裂谷。它把脊岭从中间劈开，像尖刀一样插入洋脊中央。经“无畏”号和“发现”号考察船证实，断裂谷深度在3250～4000米之间，宽9000米。大裂谷中央完全没有或者只有薄层沉积物，表明这个区域的洋底是由新形成的岩石构成的。曾两次潜入大西洋中脊裂谷的海尔茨勒说：“我的印象是，海底就像一个来回游荡并捣毁着的大力士，而且很明显它是一个正在忙着制造地震和火山的可怕的地方。”

科学家通过潜水器的窗孔，看到了一些人类从未见过的景象，如一些洋底基岩就像一个巨大的破鸡蛋，其流出的蛋黄则像刚流出来就被冷凝似的（一团团岩浆从地球深处被挤上来，当它和极冷的海水接触时，很快就在它的周围凝成一层外壳。后来外壳破了，里面的熔融体就流出来形成这种外观）。

潜水器里的科学家还看到裂谷底面有许多很深的裂隙，见到一块块玻璃状外壳，还有长在熔岩上面的像蘑菇盖般的岩石以及各种奇形怪状的巨大熔岩体。它们有的像一条钢管，有的像一块薄板，有的像绳子或圆锥体，有的像一卷卷棉纱或像被挤出来的牙膏。

1973年8月，“阿基米德”号深海潜水器曾对正在升起的一座“维纳斯”火山进行了探查，对所采的海底岩石样品进行年龄测定，发现其年龄尚不到1万年，这证明它是大裂谷底部最年轻的岩石。这个事实告诉我们，新涌上来的岩浆曾在这个裂谷的正中央形成新的地壳。

1974年，就在上述潜水器观察过的附近，科学家从583米深处的熔岩层中采取岩心样品。有意思的是，在大洋玄武岩基底上的沉积物的年代，竟随它距大西洋中脊轴线距离的增加而变老；每一钻探点洋底以下的沉积物的年代，又随深度的增加而增加。因此，深海钻探资料明确支持这样的观点：南大西洋洋底自6500万年以来，一直以平均每年4厘米的速度向两侧分离开来。

大西洋中脊裂谷的两边有许多很深的峡谷，这些破裂带成直角切过这条洋脊裂谷。千百万年来，大陆的漂移扩散，就是循着这些横向破裂带移动着的。因此，大西洋中脊是现代地壳最活跃的地带，那里经常发生岩浆上升、地震和火山活动，水平断裂广布。

它们是怎样生成的呢？科学家们认为，大西洋中脊是新地壳产生地带，洋脊高峰被一个中谷分成两排峰脊，而中谷是地壳张裂的结果，地壳以下的熔融岩浆沿着裂谷上升，凝结成新地壳，这些新地壳不断产生，把老的条带向两旁推移。这样就使得大洋底岩石的年龄离洋脊愈近愈年轻，愈远就愈老。大地磁异常条带在洋脊两侧也呈有规律的排列。但是在大洋中脊两旁海底扩张的速度不一定全部相等，甚至有时一边扩张，另一边相对不动。

现在，虽然再也没有人认为大西洋中脊的形成是“莫名其妙”的了。但对于它的许多问题，特别是大西洋中脊的岩石如何能沿水平方向推移开去构成新的洋底等一系列根本性质的问题，仍有许多争论。21 世纪在期待着更有说服力的答案。

神秘的海洋大漩涡

在埃德加·爱伦坡的短篇小说中，描述了挪威海岸一个悬崖边的强大的漩涡。书中是这样说的：漩涡的边缘是一个巨大的发出微光的飞沫带，但是并没有一个飞沫滑入令人恐怖的巨大漏斗的口中，这个巨大漏斗的内部，在目力所及的范围内，是一个光滑的、闪光的黑玉色水墙，这个巨大的水墙以大约 45° 向地平线倾斜。它在飞速地旋转，速度快得使人感到目眩，并不停地摇摆，在空气中发出一种令人惊骇的声响，这种声响半是尖叫，半是咆哮。

澳大利亚的海洋学家 3 月 14 日宣布，他们发现了一个如同爱伦坡在小说中所描写的那样的一个巨大冷水漩涡，只是没有书中描写的那样陡峭或移动得那么快。除此之外，几乎没有什么两样。这个旋风位于距悉尼 96 千米处，直径长达 200 千米，深 1 千米。它正在剧烈旋转，产生的巨大能量将海平面几乎削低了 1 米，改变了这个地区主要的洋流结构。它携带的水量超过了 250 条世界第一大河——亚马孙河的水量！

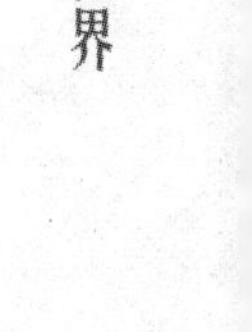

澳大利亚联邦科学与工业研究组织称，这个漩涡的力量非常大，它所携带的能量将电影《海底总动员》中时常出现的那种主要洋流推向更远的海域，幸运的是，到目前为止这个剧烈的漩涡还没有影响到船运。

暴风不太可能产生这样的影响，但科学家需要迫切地知道接下来会发生什么，因为在漩涡的背后是一种洋流紊乱现象，这是当代最难以解答的科学难题之一。伟大的量子物理学家沃纳海森堡说：“临终前，当躺在床榻上，我想上帝会为第一个问题给出答案。”

在全世界都会看到海洋漩涡的身影，在自然界中它们是一种正常的现象。当不同的水流相遇时便会产生漩涡，和它们的近亲空气漩涡以及太阳与风的共同作用，这些海洋漩涡在影响天气的过程中扮演了异常重要的角色。它们将一个天气系统中的能量转移到另一个天气系统中。

海洋漩涡主要受海洋的涨潮和退潮控制，此外它们还遵从一些数学规则，但并非所有的规则。科学家对这些海洋漩涡只能进行部分预测，它们是剧烈混乱产生的现象，但也展示出具有某种结构、节奏以及其他与秩序有关的特征。海洋漩涡从不会重复自己，所以对它们的行为进行统计无法完全解决问题。当年，美国人想通过把40年英吉利海峡的天气数据平均一下，用这种方法预测诺曼底登陆那天的天气情况，结果犯了大错。最后还是英国和挪威的预测专家利用取样预测法拯救了他们。

海洋漩涡虽然不能被形容为自然界中的一个反复无常的奇异现象，但像悉尼附近海域这么巨大的海洋漩涡，在不可预见的天气事件中尤其是在“厄尔尼诺”反常气候现象中，在秘鲁的大雨到堪萨斯的干旱中都扮演着非常重要的角色。

海洋漩涡是不同来源的水流交汇导致的，这些水流有各自不同的温度和流速。当不同的水流撞击在一起时会产生不可预见的后果。这种不可预知性与二氧化碳和甲烷气体的排放导致的不稳定性有关，这种不稳定性反过来导致了更加无法预测的水流的混合。收集到其中所有的变量并进行数学计算令科学家大费脑筋。他们正在努力弄清的一件事情是：如何理解海洋漩涡中一致和非一致运动之间的关系。这个关系是如何预测漩涡中的一个关键性因素。

悉尼海洋大漩涡令人困惑的是，它在不断改变。当你从一个视角或在一个特定的时间段观察时，它似乎很平静；但当从另一个地方或其他时间观察时它又会变得非常狂暴。如果在它上面航行时，水面看起来似乎很平静，但却会使巨轮发生晃动。悉尼海洋大漩涡可能很快会丧失它的能量，巨大的海洋漩涡通常会持续大约一周时间，但有一些可能会持续一个月之久。它们不会停息下来，而是通过将小漩涡吸入它们之中使能量发生转移。

科学家说，能量不断上下发生运动，就好像一个不断旋转的楼梯。水和空气中的漩涡存在分子的混沌运动，这样的运动一直延伸到大气的边缘，在星际空间的流动中也存在这种神秘的混沌运动。科学家已经在恒星的尾迹中发现了漩涡的存在。自从卫星时代以来，人们才真正有可能对漩涡进行全面的观察，为此所要做的就是要综合研究不同的信息。这也是为什么那些关心股票市场上巨大资金流动的人会紧密追随与漩涡有关的科学的原因。

探索赤道潜流的奥秘

1951 年，美国年轻的海洋学家克伦威尔和他的同事在太平洋的赤道海域进行鲔鱼生活习性及环境条件的考察研究。考察的方式并不复杂，就是把玻璃浮子穿在一起，布放在 16 ~ 20 千米长的海面上，每个玻璃浮子下面，挂上铅锤和若干鱼钩。白天放下去，晚上收回来。按照一般的常识，既然海流是向西流动的，布下的钓鱼工具自然应当向西漂才对。然而，令人不解的事情发生了。克伦威尔布放的沉到海面下的钓具一反常规，竟一个个向海流的反方向漂着。细心的克伦威尔以为自己没有放好钓具，收起来后又重新布放，结果还是一样的。漂浮在海面的小船受海流影响，向西漂着，而沉入海中的钓具却向东漂去。这是怎么回事呢？

经过大量的资料对比，他断定，在赤道海域的表层海流之下，存在着

一股像湾流那样巨大而稳定的逆向海流。这就是赤道潜流。经过各国海洋学家的艰苦努力，最终查明赤道潜流在三大洋中都存在。

它的表现形式是，沿赤道方向由西向东流动，横越三大洋。其范围是北纬2°到南纬2°之间的海域内，形成一股与赤道对称的狭窄海流。它的垂直厚度在200～300米，全年流速稳定。

虽然人们对赤道潜流已经有了初步认识，但是仍然有不少问题有待人们去探索。例如，人们在赤道以南约南纬6°～8°之间，曾多次发现另外一股与赤道潜流平行的潜流，也为逆向海流。这股海流和赤道潜流又是何种关系？

另外，赤道潜流与表层风海流的能量转换关系是如何进行的？这些问题都有待于人们去重新认识。

赤道潜流对热能量的储存及对全球气候的影响机制，以及它与西部边界流的能量转换关系，这些也都是摆在海洋学家面前的难题。

悬在头顶的大海

马歇尔·卡尔多纳是美国著名的神秘事件研究家，多年从事各种神秘事件的调查研究工作。有一天，他闲来无事，就到附近的一家古玩店去选购古董，这时候他突然发现了一卷陈旧的手稿。这卷书稿显得破破烂烂，字迹已褪色，幸好内容还算完整。马歇尔只花了买一卷废纸的钱就把这份手稿弄到了手。回家后，他急急忙忙通读了整部手稿，没想到这里面所记录的内容竟是一位挪威渔夫的离奇经历，这让他感到非常难以置信。

挪威位于欧洲北部，部分国土位于北极圈内，一位叫奥尔夫·亚森的渔夫和他的儿子就住在这里。一天，亚森和他的儿子乘一艘小小的机帆船向北行驶，他们计划这次行程约需1个月。航行途中，一些意想不到的事情发生了。船向北行进，气温却一天天地升高。

一天，儿子突然指着罗盘说：“爸爸，你看，罗盘好像有点不对头。”

亚森回头一看，罗盘突然开始指向南方，可是船仍在向北行驶。渔夫父子看看四周，看到的情形让他们惊愕得说不出话来，不知该怎么办。不知什么时候，他们头顶上的天空消失了，代之以湛蓝的海水。

船继续行进，这时周围的环境似乎已近黄昏，他们环顾四周，上下左右都是海水。又过了一会儿，四周一片漆黑，仿佛进入了一个长夜无昼的世界。突然，他们看见了另一个太阳，也许称为“地心的太阳”更恰当些。逐渐地，周围亮如白昼，海水前方出现了陆地。他们隐约分辨出陆地上生长着绿油油的植物，甚至还有动物。很久以前，亚森父子曾听说过一个传说，在北极某处有一个世外桃源，这里气候宜人，难道这就是那个世外桃源?

一年后，亚森父子平安地回到了故乡。他们向邻居叙述了那个国度里的情景。那里住的都是些巨人，身高大约 4 米；那里不仅有动物、植物和各种农作物，还有供他们使用的各种日常用具，其大小与巨人成正比；那里的 1 粒葡萄大得相当于 1 只普通的苹果。村里人没有一个相信他们的叙述，认为他们是在说梦话。

亚森父子没有办法，只能专程前往美国，向住在洛杉矶的乔治·埃马森先生详细讲述了自己的经历。埃马森根据他们的叙述写成了这部名为《一位挪威渔夫的离奇经历》的书稿。人真的会遇上这些事情吗?挪威的北极探险家弗里乔夫·南森证实，在北冰洋底下，似乎有一个由海水形成的巨大空洞。他从 1893 年 6 月开始，在北冰洋的浮冰上生活了一年半，成为第一个踏入北纬 86°41′的人。他看到了北极圈内的许多奇异现象。其中，在北冰洋的冰海中有一片“开水”，这是一片在黑沉沉的广阔冰海上的不反射天空光线的不冻海域。

美国极地探险家霍尔早于南森 20 多年曾 3 次闯入北极进行探险。他也提及，当他的探险队一行正沿冰山前进时，在距他们大约 7 千米的地方出现了一片不冻海域，这片“开水”从南到北，占据了 2 座冰山之间的整个海峡。

1906 年，极地研究家威廉·里德根据南森和霍尔的叙述，坐着狗拉雪橇直奔北极，想去亲眼看看这片不冻海域。据他说，当他接近这片海域时，周围开始涌出团团浓雾，那片“开水”就在那浓雾笼罩下。

里德猜测浓雾是由地球内部流出的暖空气造成的，也就是说在北极圈的某个地区肯定有一个通过地热加温并使热空气泄漏的地方。里德的假设是不是有点不可能，谁也不知道。

海平面会持续上升吗

闻名于世的水城威尼斯在过去的100年间下沉了23厘米。不仅如此，中国的上海、日本的新潟、英国的伦敦、泰国的曼谷、美国的新奥尔良、瑞典的斯德哥尔摩等都不同程度地处在缓慢持续的下沉之中。

专家们认为，剔去城市建筑本身的沉重负荷、过多地抽汲地下水等原因，这些城市的下沉都与海平面上升有关。

对于海平面的上升，国际地理协会提供了一份很有说服力的材料。

由120多位地貌学家、测量学家组成的专家组利用历史地图、航海图和对海岸进行的精密测量，参考航空照片和卫星资料，对澳大利亚东海岸的90千米沙滩进行了研究。

结果显示，在1870～1979年这100多年间，这里的海岸线后退了150米，平均每年后退1.5米。在气候变化的同时，海洋表面的升降是正常的自然现象。然而，海平面发生如此大的变化，也还有着人为的原因。

目前，世界上许多科学家把海平面的迅速上升归因于人类过多燃烧煤和石油，使大气中的二氧化碳剧增从而产生的“温室效应”。

按照这种理论，如果二氧化碳再成倍增长，则南极西部的冰川可能融化，其结果将使全世界的海面上升5米，进而导致世界上人口稠密、工业集中的沿海地区遭受灭顶之灾。

还有学者指出，水体温度上升，促使海水蒸发，一部分水由水体进人大气层，还可能导致海平面下降。

另一方面，由于大量的水汽和尘埃的存在，会使大气中云量增多，从而将普遍导致全球性的降水增多。这样，冰原上的雨水补充增加，也会使水更多地积聚于两极等冰川中，也可能导致海平面下降。

此外，还应当看到全球大中型水库等水利工程的作用，也可能会导致全球性的降温以及海平面下降。

总之，海面是否还会继续上升，现在仍是个谜。

二、阴影笼罩下的海域

百慕大三角之谜

20世纪以来所发生的各种奇异事件，最让人费解的大概就要算发生在百慕大三角的一连串飞机与轮船的失踪案了。

所谓百慕大三角，即指北起百慕大，西到美国佛罗里达州的迈阿密，南至波多黎各的一个三角形海域。在这片面积达100多万平方千米的海面上，从1945年开始已经有数以百计的飞机和船只在这里神秘地失踪。当然，这些失踪事件不包括那些机械故障、政治绑架和海匪打劫等，因为这些本不属于那种神秘失踪的范畴。

由于事件层出不穷，人们惊恐之余就赋予这片海域以“魔鬼三角”“厄运海”“魔海”“海轮的墓地”等种种诨号。而这些诨号反过来又烘托了这里特有的神秘而恐怖的气氛。

现在，百慕大三角已经成为那些神秘的、不可理解的各种失踪事件的代名词。

在我们熟悉的地球上，怎么独独有这么一个神奇而无法解释的角落？怎么会发生这样一连串不可思议的事情？究竟是什么在百慕大三角作祟？

美国空军上尉泰勒是一位极有经验的飞行员。一直到他失事为止，他已经驾驶飞机在空中飞行了2500个小时。这个飞行纪录并不是一般人能够做到的。1945年12月5日，泰勒上尉作为第19飞行队的队长，他率领飞行队从佛罗里达州的劳德代尔堡机场起飞。当时，他和14位飞行员驾驶着5架复仇式鱼雷轰炸机去执行一项例行的飞行训练任务。

当天一切正常，天气良好，这是个理想的飞行天气。他们的任务是飞一个三角形航程，向正东方向飞过巴哈马群岛，接着向北飞行，然后沿三角形的最后一条边线返航。

当飞行队越过巴哈马群岛上空时，基地突然收到泰勒上尉和飞行员鲍尔斯的报告，称罗盘失灵，他们弄不清楚自己的高度。片刻之后，基地指

挥部收到的信号越来越糟糕，好像所有的飞行员都慌了神。当然，指挥部也慌了。

下午4点钟，指挥部听到了泰勒上尉惊恐而颤抖地呼叫：“发生了异常现象！我们不知道为什么偏离了航向。”

指挥部道：“报告你们的位置！”

泰勒：“我弄不清自己的位置，不知在什么地方！”

指挥部：“那么你们向西飞行！”

泰勒：“方位仪出了严重的故障，指针不动。我们辨不清方向，眼前看到的只是一片大海。”

基地指挥部当时并没有感到问题的严重性。因为飞机上燃料充足，可以应付四个小时的飞行。再说，泰勒上尉的飞行技术也是让人非常放心的。于是，指挥部随即命令另一架仪表正常的飞机替代泰勒。

可是十几分钟后，基地指挥部又接到报告：“警报！我们现在又迷航了，看不见陆地……一切全乱套了，连大海也好像和往常不一样了！”

这时候也传来泰勒上尉的声音：“我们好像在墨西哥湾上空……”

基地吃惊了，他们怎么偏离航向飞到墨西哥湾去了？下午5时，这5架飞机不知位于何处，还盲目地在飞行，他们之间彼此联系的对话让基地大大震惊：所有的仪表都失灵了，他们的读数都不相同，连西斜的夕阳都无法看见，如果看见太阳他们就能校正航向。最后，终于传来了令人心碎的声音：“我们完了……开始往水里沉了……”

电波信号越来越微弱，直至一片沉寂。这时候，时针正指7点零4分。泰勒上尉连同他的14个伙伴，以及那5架飞机，就这样在地球上神秘地消失了。

指挥部感到这事不可理解，立刻决定派机寻找。几分钟之后，一架“马丁”式海上搜索机听命起飞。这架搜索机由13名机组人员驾驶。但是，这架海上搜索机也失踪了。它好像直奔那个失踪的虎口，一点声息都没有传回，便悄悄地消失了。短短几个小时，6架飞机、27位飞行员都不见了，简直是莫名其妙。难道他们是被天空吞噬了吗？

美国当局对这次事件予以高度的重视，进行了有史以来最大的一次搜寻救援活动。美国海军出动了包括航空母舰在内的21艘舰艇，数百艘快艇和摩托艇，300多架飞机，也就是说美国海军动用了佛罗里达海域附近所有能够动用的舰船和飞机，搜索海域从百慕大到墨西哥湾每一寸海面，但结果却依然一无所获。

按常理分析，假如飞机坠入海中，那么起码也应当在海面上留下漂浮的油花等痕迹。然而，什么也没留下，就像什么也没有发生过似的。大海依然那么蔚蓝、那么宁静。

负责搜寻救援工作的官员沮丧地对上司说:“天知道究竟发生了什么，我们甚至无法估计可能发生了什么!”

当这件事披露之后，百慕大海域立即就出了名。随着人们对这片海域的关注，不可思议的飞机失踪事件，就越发令人感到恐怖。

1948年12月27日22点30分，一架DC－3型大型民航班机从旧金山机场起飞，途经百慕大海域上空，地面指挥塔曾听到机长惊诧的讲话声:

“这是怎么回事？都在唱圣诞歌哪？”

谁也没有想到这句话里所包含的意味是什么。

28日凌晨4点30分，班机还向机场发过电讯——“接近机场，灯光可见准备降落。”这时，机场做好接受着陆的各项准备。

可是这架DC－3型班机始终没在机场降落。它在降落前就神秘地消失了，机组人员和全部乘客当然无一生还。

这架飞机一分钟前还与机场保持着正常联系。然而失踪仿佛是在一瞬间发生的，就像天空破了个洞，飞机一下掉进洞里无声无息了。

百慕大三角究竟是一片什么样的海域呢？我们从最早扬帆驶过这片海域的哥伦布的见闻中，也许能窥见500年前这片海域的若干情况。

1502年，哥伦布第四次远航美洲时，曾途经百慕大三角。这天，哥伦布伫立船头，但见晴空万里，海面平静。突然间，大海上狂风骤起，天昏地暗，几十米高的巨浪像墙一样向船队扑来。水手们齐心协力试图调转航向，但船上所有的导航仪器突然全部失灵，磁罗盘上的指针不是指着正北方向，而是指向西北方向，偏离了6°，船失控了，任凭风吹浪打。

哥伦布是幸运的，经过几天几夜的颠簸，船总算没有沉没。令他奇怪

的是，这场从天而降的风暴竟是戛然而止的，风浪说结束就结束，刹那间就风平浪静了。他把这一切详细地写在他的航海日记里。在给西班牙国王的信中，他也谈到了这次难忘的经历：当时，浪涛翻滚，一连八九天时间我们看不到太阳和星辰……我这辈子见过各种风暴，可是从来没遇到过时间这么长、这么狂烈的风暴。

问题在于哥伦布活过来了，他的经历至少说属于那些尚可解释的遭遇。那么，那些没能活过来的人们，他们的遭遇呢？当然，那是一种不可解释的、谁也没看到的经历。

1840 年 8 月，一艘法国帆船“洛查理”号正在百慕大海面上航行。这艘船扯着帆，而且风帆饱满，说明它在平静地航行着。令人感到迷惑的是，它好像没有目标似的随风漂浮。人们感到很奇怪，便划船靠了上去。这时，他们发现船上静悄悄的，上船后才知道船上空无一人，但货舱里装着的绸缎等货物却完好无损，水果仍很新鲜，也没人碰过。然而，为什么船上的水手都跑光了呢？没有人能够解答。船上唯一健在的生物就是一只饿得半死的金丝鸟，可惜它不能说话。到底船上发生了什么，没人知道，但谁都能想到船上肯定发生了一件不可思议的事情。

1872 年，这一带海面又发生了一件怪事。一艘双桅船“玛丽亚·采列斯特”号，在亚速尔群岛以西 100 海里的地方漂浮。当它被人们发现时，船上同样是空无一人，而且船舱的餐桌上还摆着美味佳肴，茶杯里还盛着没喝完的咖啡和水。壁上的挂钟正常地走动，缝纫机台板上还放着装有机油的小瓶子。这一切除了说明这艘船没有遇到风浪之外，丝毫不能解释它的主人为何弃船而去。

1944 年，古巴籍的货船“鲁比康”号在同一海域同样出现人去船空的奇案。当人们登上这艘漂浮不定的船时，只有一条小狗孤独地趴在甲板上。

1963 年，美国籍油轮“玛林·凯思”号穿过这片海域，航行的第二天，船上的报务员还向岸上通报说：“航行正常，位置北纬 26°4′，西经 73°。”但这是这艘油轮传给世界的最后信息，它从此失踪了。谁也无法想象这样一艘装有现代化导航和通讯设备的油轮，竟然连一点油花都没留下，就从这片海域上莫名其妙地失踪了。美国籍货轮“独眼号”是一艘长达 165 米、拥有 309 名水手的巨型货轮。1918 年 3 月，它在巴西装满锰矿砂后，却在返回弗吉尼亚的诺福克的途中失踪了。当时天气很好，不存在风浪掀翻船只的可能。有人推测说当时正值战争期间，“独眼号”很可能遭到了德军潜艇的袭击。可是战后人们查阅了德国海军的战时记录，发现当时没有一艘德国潜艇在“独眼号”所在的航线上出现过。如此庞大的一条巨轮，又有无线电通讯设备，它怎么连个“SOS”的信号都没有发出就悄无声息地失踪了呢？

1935 年 8 月，意大利籍的货轮“莱克斯”号的水手们亲眼看到美国籍纵帆船“拉达荷马”号被海浪渐渐吞没，他们奋不顾身地从海上救起了“拉达荷马”号溺水的水手。但 5 天之后，一名“莱克斯”号的水手却惊讶地发现，“拉达荷马”号竟然在海上漂浮。这并不是幻觉，因为“莱克斯”号上的水手，连同被他们救起的“拉达荷马”号上的水手，一同登上了这艘纵帆船。一艘已经沉没了的船，怎么可能又重新漂游在海上呢？人们无法解释。

既然这里出现如此众多的奇异事件，那么人们当然要问究竟是什么在这里捣鬼？

1951 年 10 月，一艘巴西的军舰在亚洛尔群岛西南方向的海面上航行，后来舰船和水兵一起神秘地失踪了。次日，巴西方面派出飞机和舰船前往找寻，一架水上飞机在海面上搜寻时发现，海面下有一个庞大的黑色物体在飞速前进，而且速度快得惊人，说明这绝非海底生物。同时，庞大的体积又说明它又非水中的鱼类。在这天夜里和次日凌晨，有人在这一海域看见了一种奇异的极其明亮的光，但谁也无法说清这庞大的物体和奇异的光芒从何而来。

从这片魔鬼三角海域侥幸逃脱出来的人，他们的回忆也许能给我们提供一点线索。

美国海难救助公司的一位船长说，他有一次从波多黎各返回佛罗里达，途中船上罗盘的指针突然猛烈摆动，虽然柴油机仍在运转，但毫无功率。海浪从四面八方朝船扑来，看不到水平线，船的四面都是浓浓的大

雾。他急忙命令轮机手全速前进，终于冲出大雾。奇怪的是这大雾以外的海面浪并不大，也没有雾。水手们都说，这辈子从未见过这种怪事。

1972 年 9 月，美国籍货轮“噩梦号”航经百慕大三角海域时，突然船上所有的灯都暗了下来，罗盘也失灵了。水手们感到事情不妙，赶紧根据陆地的灯光定向，把船朝西驶去。航行片刻，他们发现船原来正在向北行驶，但无论如何他们也纠正不了航向。这时候，天空出现一个庞大的黑色物体，遮住了满天的星星。一道亮光射进这个物体。不久，它又不见了，船也恢复了正常航行。

天空中这个黑色物体和前面说到的水下的那个黑色物体有无联系？或者说，它们是否为同一物体？没有人能够回答。人们只能说：这是一件颇为耐人寻味的事情。

显然，这里存在着一股神秘而强大的、看不见的力量。

1977 年 2 月，一架私人水上飞机掠过百慕大三角海域，飞机上的几个人正在吃饭，突然发现盘子里的刀叉都变弯了。当时罗盘指针偏转了几十度，于是他们加速逃离了这个可怕的航区。返航后他们发现，录音机磁带里录下了强烈的海浪的噪音。可是，大海怎么能发出噪音呢？

一位老飞行员说了件怪事。一次，他在百慕大三角海域 7000 米高空做夜间飞行。起初，一切正常。后来，他发现机翼两侧闪闪发光，他开始以为是机舱玻璃反光，但反光不可能这么强烈，强光刺得他睁不开眼，连仪表也看不清楚，而飞机亮得像个透明的玻璃物体。他抬起头，觉得天空亮得连星星都看不见了。他赶紧关闭自动操纵杆，改用手动操纵着飞机飞行。几分钟后，亮光渐渐消失，一切恢复正常。夜空中的亮光从何而来？连老飞行员都答不上来，相信没有人能够答得出来。

全世界的科学家似乎都不允许百慕大三角之谜继续存在下去。他们运用自己已知的各种知识，去解释发生在百慕大三角的种种怪事。在各种解释中比较有代表性的是下面的这几种。

（1）磁场说。在百慕大三角出现的各种奇异事件中，罗盘失灵是最常发生的。这使人把它和地磁异常联系在一起。人们还注意到在百慕大三角海域失事的时间多在阴历月初和月中，这是月球对地球潮汐作用最强的时候。地球的磁场有两个磁极，即地磁南极和地磁北极，但它们的位置并不是固定不变的，而是在不断变化的。因此有一种看法认为，地磁异常容易造成罗盘失误而使机船迷航。还有一种看法认为，百慕大三角海域的海底有巨大的磁场，它能造成罗盘和仪表失灵。

1943 年，一位名叫西萨的博士曾在美国海军的配合下，做过一个有趣的试验。他们在百慕大三角区架起两台磁力发生机，输以十几倍的磁力，看会出现什么情况。试验一开始，怪事就出现了。船体周围立刻涌起绿色的烟雾，船和人都消失了。试验结束后，船上的人都受到了某种刺激，有些人经治疗恢复正常，有的人却因此而精神失常。事后，西萨博士却莫名其妙地自杀了。临死前，他说试验出现的情况与爱因斯坦的相对论有关。他没有留下任何论述，以至于连试验本身也成了一个谜。

（2）黑洞说。黑洞是指天体中那些晚期恒星所具有的高磁场超密度的聚吸现象。它虽看不见，却能吞噬一切物质。不少科学家指出，出现在百慕大三角区机船不留痕迹的失踪事件，颇似宇宙黑洞的现象，除此之外便难以解释它何以刹那间消失得无影无踪。

（3）次声说。声音产生于物体的振荡。人们所能听到的声音之所以有低浑、尖脆之分，这是由于物体不同的振荡频率所致。频率低于每秒 20 次的声音是人的耳朵听不见的次声。次声虽听不见，却有极强的破坏力。百慕大海域地形的复杂性，加剧了次声的产生及其强度。波多黎各海岸附近的海底火山爆发、海浪和海温的波动与变化都是产生次声的原因。

（4）水桥说。据认为百慕大三角区的海底有一股不同于海面潮水涌动流向的潜流。有人在太平洋东南部的圣大杜岛沿海发现了在百慕大失踪船只的残骸。当然只有这股潜流才能把这船的残骸推到圣大杜岛来；当上下两股潮流发生冲突时，就是海难产生的时候。而海难发生之后，那些船的残骸又被那股潜流拖到远处，这就是为什么在失事现场找不到失事船只的缘故了。

（5）晴空湍流说。晴空湍流是一种极特殊的风。这种风产生于高空，当风速达到一定强度时，便会产生风向的角度改变的现象。这种突如其来的风速方向改变，常常又伴随着次声的出现，这种现象被称为“气穴”。

航行的飞机碰上它便会剧烈震颤。当然严重的时候，飞机就会被它撕得粉碎。

可惜，这些仅仅是假说而已，而且每一种假说只能解释一类现象，而无法彻底解开百慕大之谜。何况，除了飞机和船只无端失踪之外，百慕大海底和海面还有一些令人难以置信的怪事呢？

1963 年，美国海军在波多黎各东南部的海面下，发现一个不明物体以极高的速度在潜行。于是，美国海军派出一艘驱逐舰和一艘潜水艇前去追寻。他们追踪了 4 天，还是让那东西跑脱了。这个水下不明物体不仅航速快，而且还有奇异的潜水功能，可以下潜至 8000 米以下的深海，使得声呐都无法搜寻到它。虽然能隐约看到它有个带螺旋桨的尾巴，但却无法窥清其真实面目。

消息披露后，有人估计可能是苏联的潜艇。然而，美国方面称，以现代的加工制造技术，莫说是苏联，连美国都无法制造出这种既可高速行驶，又可下潜深海的物体。

看来，这个水下不明物体到底是什么，读者只能自己想象，因为连美国海军部也无法解释。

1979 年，由美国和法国科学家组成的一个联合考察组，意外地在这一带的海底发现了一个水下金字塔。当然，这个水下金字塔绝非自然界的产物，而是件人工作品。考察队队长、美国迈阿密博物馆名誉馆长查尔斯·柏里兹闻讯后，立刻派人携水下摄影机再次下潜拍照。从照片上我们可以看见高大雄伟的水下大金字塔的塔身上有两个巨大的黑洞，海水高速穿过这两个洞，致使这里的海面波涛汹涌、水雾弥空。据称，这个水下金字塔比埃及胡夫大金字塔还要雄伟。它的发现使人推测这带海难多系它引起的。同时，它又给史学家带来一个新的难题，即由来已久的亚特兰蒂斯帝国是否存在的争论又再度掀起。

海底的事情够让人忙乱的了。那么天上呢？1981 年，一群旅客正在巴哈马岛上游玩。突然间，天空传来一阵马达声，人们抬头一看，只见一架第二次世界大战期间美国使用的“野马”式战斗机呼啸而来。

游客们起初以为这是旅游公司特定安排的惊喜节目，高兴地鼓起了掌。不料，战斗机竟不分青红皂白地朝游客开火了。游客吓得四处逃散，而战斗机顷刻间又消失在云中。

所幸当时有人拍下了飞机的照片，旅游公司据此向法院控告美国空军。不料，美国空军见到照片大吃一惊说：不错，这架飞机是他们的，但这架飞机早在49年前就在百慕大三角上空失踪了。

天哪，40多年前失踪的飞机怎么又飞回来了？请先不要吃惊。如果看到下面一则报道，不知你将做何感想。

据报道，美国一架旧式轰炸机出现于月球一座环形山顶。苏联航天探测器从太空传回的照片不仅表明这架飞机完整无损，而且还清晰地呈现了它的机号。美国空军经核对，发现这又是一架40多年前失踪于百慕大三角区的飞机。

是谁把它弄到了月球？把它弄到月球又想做些什么呢？

可怕的厄尔尼诺

从20世纪50年代起，特别是70年代以后，全球气候变得异常，世界各国灾情迭起。美国夏威夷地区遭受罕见的飓风袭击；秘鲁等地洪水泛滥；非洲大陆出现百年不遇的大旱灾。在这一时期，我国也发生了类似的洪涝、干旱等灾害，给农业生产和人民生活带来了重大损失。

面对大自然给人类造成的种种灾害，人们开始思索。科学家们通过对50年的海洋和气象资料分析发现，全球气候异常与厄尔尼诺现象有密切关系。肖特首先提出，厄尔尼诺是一股沿秘鲁沿岸南下的暖流，可一直侵入到南纬12°以南。它是一种大规模的海洋和大气相互作用产生的现象。

厄尔尼诺的老家原在太平洋东部赤道海域，那里终年温暖。在某种情况下，该海域赤道逆流中的一部分海水会沿厄瓜多尔海岸南下，穿过赤道，向南流动，这就是厄尔尼诺暖流。早些时候，这股海流并没有像太平洋的黑潮、大西洋的湾流那样引人注目。然而，近20年来，历史上不多见的厄尔尼诺现象时有发生。1972 年厄尔尼诺现象的出现，给许多沿海国家的经济，特别是渔业生产带来严重损失。相隔 10 年之后的 1982 年，厄尔尼诺现象再度发生。单这次厄尔尼诺现象的发生，全世界就有 1000 多人死亡，经济损失达 80 多亿美元。澳大利亚共损失了近 30 亿美元；捕鱼王国秘鲁的捕鱼量骤减；我国则出现了南旱北涝的灾害状况，粮食减产几十万吨；连远离太平洋的非洲和欧洲也不同程度地受到它的冲击和影响。

厄尔尼诺现象的不断发生引起沿海许多国家的重视，特别是海洋和气象科学家都把这一灾害性现象的研究课题放到首卷。在研究的过程中，使科学家最伤脑筋的是，厄尔尼诺暖流是怎样产生的呢？有人认为，它是赤道太平洋信风减弱，热带辐聚向南移动，越过赤道而形成的产物；也有科学家说，它是大气压和风系的大幅度移动所致；还有科学家认为，它是由于大气环流减弱的结果造成的等等。

科学家们的研究还发现，东南太平洋上的高压带和北澳大利亚到印度尼西亚低压带之间海平面的气压波动——南方涛动，也与厄尔尼诺现象密切相关。于是，科学家们积极参与厄尔尼诺和南方涛动的研究，试图从中找出它们之间的某种关系。

关于它们之间的成因也有多种说法，有的科学家认为，前期西太平洋赤道东风带持续增强使西太平洋聚集暖水，造成太平洋西部相对于东太平洋下倾，产生一个回复力；随后东风气流减弱，形成自西向东传播的开尔文波，从而导致东太平洋水温异常增暖的现象。

也有人认为厄尔尼诺和南方涛动是一种短周期的全球变化。在它们发生期间，海气间相互作用。大气对海洋的作用主要表现为风力效应，而海洋对大气的作用主要表现为热力效应。赤道东太平洋海温增暖可使南方涛动减弱，而后者又可使赤道信风减弱从而引起赤道海温增暖。

在探索厄尔尼诺形成机理的过程中，科学家们还发现了这样的巧合：20 世纪 20 年代到 50 年代是火山活动的低潮期，也是世界大洋厄尔尼诺现象的次数较少、强度较弱的时期。进入 50 年代后，世界各地的火山活动进入了活跃期，与此同时，大洋上厄尔尼诺现象次数也相应增多，而且表现十分强烈。根据近百年资料统计，75% 左右的厄尔尼诺现象是在强火山爆发后一年半到两年间发生的。这种现象也引起科学家们的特别关注。

到目前为止，人们对这种行迹不定、出现无常的厄尔尼诺现象进行了种种探索，仍然是众说纷纭，难以定论。厄尔尼诺这种海气之间的相互作用和影响又直接扰乱了全球的气候。于是，人们认为厄尔尼诺现象是反映大洋海水温度和气候变化异常的重要信息，只有认识掌握了厄尔尼诺海流的产生和发展规律，才有可能弄清全球气候的变化规律。

但是，科学家们的良好愿望和目前海洋科技发展有较大的差距。因为在一望无际的大洋里，仅用目前的海洋调查手段所获取的资料，真可以说是寥寥无几，远不能满足海洋研究的需要。由于缺乏热带太平洋较为系统的资料特别是西太平洋方面的资料，加之这股海流有时不见踪影有时又极度活跃，这又给调查和研究带来了更多的困难。因此，厄尔尼诺的很多问题成为了20世纪90年代海洋、大气科学的研究热点。

其一，它是如何形成的？那巨大的暖流是从何处来的？它的热源在哪里？过去，科学家们曾提出各种假说：有的说是海底火山爆发；有人认为，热源来自地心等等。不管哪种解释，都拿不出令人信服的依据，这是未解谜之一。

其二，太平洋发生厄尔尼诺现象有没有其自身的规律。例如，它发生周期的长短受什么制约；它的发生、生长与消衰以及强度有哪些代表性的信号等等。

其三，无论是厄尔尼诺现象或是反厄尔尼诺现象的发生，都是大洋内暖流的大范围运动，那么这种暖流的运动和北太平洋发生的顺时针大洋环流，以及在南太平洋中发生的逆时针大洋环流是什么关系？特别引起海洋、大气科学家们注意的是，厄尔尼诺与黑潮的大弯曲、摆动有联系吗？

其四，在大洋中发生厄尔尼诺的特点之一是，发生范围大、时间长。这给我们监视、监测带来了极大的困难。如何确定反映厄尔尼诺过程的发生时间、结束时间以及监测位置等，以达到利用在有限的观测点上的资料来预报厄尔尼诺的目的。

其五，大洋中出现厄尔尼诺现象为什么能影响全球气候？人们能不能通过预测厄尔尼诺现象的发生来预报异常气候？

今天，人们对厄尔尼诺现象的认识比过去深入多了，随着海洋科学技术的发展，特别是卫星遥感技术的应用，人们有理由相信，在今后十年内将会对厄尔尼诺现象的生成机理有更深刻的认识，从而实现对厄尔尼诺比较准确的预报。

“黄蜂”号神秘失踪案

1814 年发生了一起神秘的事件——一艘美国海军军舰突然不知去向。那艘舰艇是当时美国海军最大的军舰之一。它的指挥官是一位有口皆碑的英雄人物，名叫约翰斯顿·布莱克利。

1811 年，布莱克利是一名美国海军的年轻军官，美英战争爆发以后，他受命指挥新舰“黄蜂”号。这艘军舰曾于 1814 年 6 月使英国最大的双桅战舰“驯鹿”号受到致命打击，约翰斯顿·布莱克利从而威名大振。

然而同年秋季，布莱克利船长却同他指挥的坚不可摧的军舰以及全体船员无缘无故地驶过地平线，一去不返、下落不明了。

1814 年，一艘瑞典双桅船“阿多尼亚”号报告说，它曾偶然遇上过“黄蜂”号。当时瑞典的船上载有两名从俘获的英国船上来的美国海军上尉。瑞典人要求他们转乘“黄蜂”号，那两名美国军官欣然同意。“黄蜂”号继续从容前行。人们一直认为，它要去的下一站是南卡罗来纳的一个港口。

但是，从那以后再没有听到一点关于这艘勇敢善战的美国军舰的消息。它离开“阿多尼亚”号时人们曾向它敬礼致意，欢呼着告别。人们可以想象，在很久以前那个 10 月的一天，“黄蜂”号迎风扬帆向天边驶去，它正驶向西南方向——那正是大西洋的危险区！

还有一则新奇而有趣的记载：据说，曾在 1812 年被英国人俘获并编入英国舰队的第一艘“黄蜂”号同样是在 1814 年出发巡航，竟跟它同名的美国军舰一样杳如黄鹤，再也没有回来。

两艘军舰都失踪在远方茫茫的海上，就像预先约定好一样，一起穿过无边的大海，驶进了缥缈的沃汀神庙堂（北欧神话中沃汀神接待战死者之灵的地方）。

“亩傍”号消失之谜

1883 年，当时的日本明治政府向法国购买一艘铁甲制的巡洋舰，日本人将其命名“亩傍”号。该巡洋舰装备相当齐全，最大航速每小时 37 千米。这在当时是号称数一数二的巡洋舰！

1886 年 10 月，日本方面派出海军上尉饭年礼俊去接船回来。该巡洋舰从法国西部的路阿布尔港开航，开航以来一帆风顺，经直布罗陀海峡—地中海—苏伊士运河—太平洋—马六甲海峡，驶进“东方之珠”——新加坡。在此地补充了食物、燃料、饮水之后，开足马力，向目的地日本驶去。

但是从新加坡出发之后，这艘耗时三年建造成的铁甲巡洋舰竟突然之间销声匿迹了！当时的军舰无雷达不说，连无线电通信设备也没有。司令部立即动员海军军舰、商船……参加搜索行动，费了两个月的时间在中国南海彻底搜索，但是无法得到任何消息！

人们对这个谜一般销声匿迹的“亩傍”号巡洋舰有以下假说：

（1）台风沉没说。“亩傍”号葬身海底是因中国南海特有的台风将船给翻掉的。但是据在该地航行的商船报告，当时根本没有台风，特别是 12 月 5 日左右，进入冬季，南太平洋哪有低气压？

（2）清军掠夺说。1886 年，清朝政府和日本已经交恶多年，清廷方面也许为了先发制人、防患于未然，侦察到日本向法国购买了一艘战舰，就埋伏在中国南海，叫他们驶往中国港口。但是遍查中国港口，却没有任何入港迹象！

（3）火药库爆炸说：“亩傍”号从法国开航的时候，载有试射用炮弹

20余发，也许这些炮弹爆炸，船被炸沉了吧！但是“亩傍"号载有的炮弹仅仅二十余发，可以说爆炸也不足以危害它的“生命”。如果是在第二次世界大战时，与在日本濑户内海爆炸的大型战艘“陆奥”号一样的命运的话，海上至少也应该有漂浮物，但经过两个月的搜索，却没有找到一片漂浮物。

对这个事件，有人断定在中国南海有一个向四维空间展开的大口，等着不幸者的到来。

再用事实来证明这个假说吧。

在1950年4月，装备齐全的货轮“辰和”号，载重6300吨，功率3800千瓦，无线电、雷达均属一流，设备崭新，满载货物，在去往中东的途中，也在“亩傍”号遭难的海域神秘失踪了！和“亩傍”号一样，连一片漂浮物也没有！

虽然两艘神秘失踪的船只都是日本籍的。但是外国籍船只在同一海域里，以同一个方式在瞬间遁形匿迹的报告也不少！航海中的船只或是船上的水手忽然不见了，这种例子也时有发生。

未知的海洋世界接二连三地发生令人难以置信的事情，例如大漩涡、海底的重大变动、恐怖的海底生物……这些都可能创造足以毁灭人类，捣毁人类的“杰作”。

无人船漂移之谜

1983年夏天的一个下午，委内瑞拉一艘叫作“马拉开宝”号的货轮正在大西洋的海面上航行着。忽然，一个船员发现前边不远处有一艘轮船，它在海面上随着海浪任意地漂荡，好像不知道要航行到什么地方去一样。这是怎么回事儿呢？

那个船员赶紧把这个情况告诉了船长。船长想了想，立刻命令向那艘轮船靠拢。船员们急忙加大马力朝着那艘轮船开了过去。等他们来到那艘轮船的旁边，发现它的船身上写着“白云”。原来它叫“白云”号，也是一艘货船。看样子，“白云”号的载重量大约有2300多吨。

船长让船员们开着“马拉开宝”号货船围着“白云”号绕了一圈，只见它的上边没有挂旗子，看不出来是哪个国家的船只，而且船的甲板上看不见一个人影。船长的心里更加纳闷了：“哎，这艘轮船上的人都到什么地方去了，是不是他们遇到什么危险了？对，还是赶紧到船上去看一看吧。”想到这儿，船长和几个船员爬上了“白云”号。

他们爬上“白云”号仔细一看，船上的救生艇不见了，甲板上乱七八糟地扔了好几双鞋子。船长对手下的船员说：“你们分头到厨房、船舱、驾驶室去看一看，有什么情况马上向我报告！”船员们答应一声，赶紧分头去了。

工夫不大，船员们陆续回来告诉船长：“报告船长，这船上已经没有一个人了，厨房里的衣物全都发霉了，船上还有500箱炮弹。”船长一听，心里感到更加奇怪了：“走，带我去看看！”

结果，船长在“白云”号货船上所有地方看了一遍，果然，那厨房里的食物全都发了霉，变成了绿颜色；无线电室里的无线电台转钮转到了应急的频道上；货舱里整整齐齐地摆放着500箱炮弹，炮弹箱上贴着一些标记……

船长越看越感到奇怪：无线电台的转钮转到了应急的频道上，这说明“白云”号一定是碰到了什么特别危险和紧急的情况；船上的救生艇不见了，甲板上到处都是扔弃的鞋子，就是说船上的人们已经跑到救生艇上逃命去了。那么，这艘船到底遇上了什么样的危险和紧急情况，导致船员们慌慌张张地逃走了呢？

后来，船长和他的船员们琢磨了半天觉得这艘“白云”号货船是一艘运送军火的货船，它一定是不知道在什么地方受到了损害，使得船上烧起了大火。后来，船上的大火又自己熄灭了。可是，船员们当时以为这场大火会很快地蔓延起来，大火要是引起炮弹爆炸，那整个船都会被炸得粉碎，船上的人一个也别想活命。所以，他们就急忙跳上救生艇逃走了。

“马拉开宝”号船长看了看眼前的这艘“白云”号，对船员们说：“咱们再对它好好地搜寻搜寻，也许还会发现一些有价值的东西。”船员们觉得船长的话很有道理，就又在“白云”号船上搜寻了起来。

找着找着，有一个船员发现了一本航海日志，赶紧交给了船长。船长打开仔细一看，只见那上面记录着“白云”号最后停泊的地方是非洲西北部加利群岛的拉斯帕马斯港。等到“马拉开宝”号的船员们发现它，它已经在海面上漂流了整整 62 天，大约漂流了 33 000 多千米。

这么一来，“马拉开宝”号的船长和船员们更加奇怪了。“白云”号漂流了整整 62 天，也就是两个多月的时间呀。那为什么没有人查问它的下落呢？大家你看看我，我瞧瞧你，谁也弄不明白……

这件奇怪的事情很快就到处传开了。人们听到这个消息以后，不禁想起了历史上发生过的好几件这样的难解之谜。

公元 1855 年 2 月 28 日，英国一艘叫“马拉顿”号的三桅帆船，正在北大西洋上航行，准备到美国去。走着走着，他们碰到了美国的一艘三桅帆船，名字叫“杜瑞姆斯·切斯莱尔”号。只见这艘船的风帆已经落下了，随着风浪慢慢地飘荡着。船内也没有一个人，船上没有一个地方受到损害，船上的货物一点儿没动，船上的淡水和食物也特别充足，船上根本看不到一点儿痕迹，但船上却没有一张航海图和一个罗盘。看样子，是船上的人们在逃走的时候，把航海图和罗盘全都拿走了。

那么，美国的这艘三桅帆船碰到了什么样的危险呢？它的船员们为什么一定要逃离呢？船员们又是怎么逃走的呢？谁也弄不明白。英国“马拉顿”号的船长决定把美国的这艘“杜瑞姆斯·切斯莱尔”号三桅帆船拖到美国去，交给美国人。这样，也许能搞清楚这里边的原因。

可是，当英国“马拉顿”号的船员们把美国的那艘三桅船拖到纽约以后，向人们一打听，那船上的船员们根本就没有回来。而且，在世界的其他地方，人们也没有发现这些船员。

公元 1880 年，人们在美国罗得岛州纽波特市附近的海面上发现了一艘叫“西贝尔德”号的帆船。那船上的情景跟前边说的那些船只一样，船上一切完好无损，船长室里还摆放着丰盛的早餐，船上却一个人影也没有。

1881 年 12 月 12 日，美国一艘叫“爱伦·奥斯汀”号的机帆船在北太平洋的海面上也发现一艘随风漂泊的帆船。船上边有食物，有淡水，有水果，还有啤酒，就是没有一个人。

人们回想起这些往事，再看看眼前的这艘“白云”号货船，不禁要问，世界上为什么会有这么多奇怪的没有人驾驶的漂泊船只呢？

有的人说，这些没有人驾驶的漂泊船只在航行当中，肯定是碰到了龙卷风，要不就是碰到了海啸。船员们在这些灾难面前吓得不知道怎么办才好，只能离开船只，坐着救生艇逃走了。可是，龙卷风和海啸实在是太凶猛，把救生艇打翻了，船员们全都被掀进了波涛汹涌的大海里，最后丢掉了性命。

看起来，这种说法有一定的道理。不过，有的人不同意这种说法。他们觉得，在广阔的海洋里边，不管是龙卷风还是海啸，都没有那么大的破坏力。有的时候，甚至感觉不到海面上正在刮着龙卷风或者什么海啸。所以，这些船上的船员们根本就不会有什么害怕，更不用说有什么惊慌失措、下船逃命了。再说，海面上产生龙卷风要有一定的条件。那些没有人驾驶的漂泊船只所处的海面上不太可能产生龙卷风。

有的人说，这些没有人驾驶的船只也许是遇到了次声波。次声波是由于风暴和强风作用，在波浪表面上发生波峰部的波流断裂的一种现象。次声波是一种人们的耳朵听不到的声波。可是，次声波的频率低于 20 赫兹，在传播的过程中能量衰减得很小，所以传播得比较远。科学家们认为，强大的次声波会使人们惊慌失措、特别难受。船员们如果碰到次声波，也许忍受不了这种折磨，最后就跳船逃命去了。

不过，人们的这种说法只是一种猜想，一直到现在也没有发现由于次声波造成没有人驾驶的漂泊船只的确切例证。

还有的人说，这些没有人驾驶的漂泊船只是不是碰到海洋怪兽了呢？海洋怪兽把船上的人们吓得慌里慌张地逃走了。只是这种说法没有什么科学依据，所以不太能说服人。

那么，到底是什么原因才造成了没有人驾驶的漂泊船只呢？一直到如今也没有人找到正确答案，这也就成了一个难解之谜。

幽灵船上的财宝之谜

1622年9月4日，星期天，一支运输舰队从古巴的哈瓦那港出发。这时正值飓风的高峰季节，但舰队所载的货物——新大陆的金银财宝和农产品却是西班牙国内急需的。因此，舰队司令决定去冒一次险。

28条船中有一条630吨重的帆船“圣玛格丽特”号。在它的舱单上整齐地标明装有银锭，11.8万枚银币，还有34根金条和一些金盘，共计约重42千克，以及银器、铜锭、烟草。船上14名旅客都带有各自的珠宝，同时船上还藏有大量的走私黄金和白银。当“圣玛格丽特”号离开哈瓦那时，它实际上就是一座浮动的宝库。

舰队是在晴朗的天空下出发的，日落时它们到达东去的方位，然后转向北方赶上墨西哥湾流，一切似乎还算顺利。然而一股未预测到的飓风——很小但强有力——进入了佛罗里达州，渐渐逼近“圣玛格丽特”号。

星期一黎明时，阵阵狂风吹打着舰队。起初舰队还能按预定航线前进。黄昏，大风逐渐增强为飓风。在滔天的巨浪中人们完全看不见对方，舰队被咆哮着的飓风吹得七零八落。财宝船在狂风怒涛的摆布下被刮进了佛罗里达州的暗礁和浅滩中，船上的人整夜都在向上苍祈祷。

在初升阳光的照耀下，人们的视野逐渐清晰了起来，海面上呈现一派令人恐惧的景象。巨浪怒吼着冲向佛罗里达暗礁，腾空而起，飞溅到远处的浅滩。“圣玛格丽特”号船长向四周张望，发现它的姊妹船“亚特查”号正在浪涛中挣扎。就在他看到它的一刹那，那艘船沉没了。仿佛受到了“亚特查”号的蛊惑，“圣玛格丽特”号也剧烈地震动起来，迅速地冲向浅滩。船上的人在巨浪把船击碎的同时紧紧抓住船上的栏杆和柱子，希望万能的上帝能够收起他的震怒，对他们怀有些许仁慈。

当飓风离去，大海恢复平静时，只有68名幸存者在沉船的残骸中漂浮。他们大多数被经过此地的船只救起，其余的120多人全部失踪。飓风在104千米长的航线上摧毁了8条船。其中的“圣玛格丽特”号和“亚特查”号均沉在佛罗里达浅滩。

寻找财宝的打捞工作立刻开始进行，但始终一无所获。直到强有力的哈瓦那政治家佛朗西斯哥·奴奈兹·梅连获得一份从西班牙王室得来的合同，真正的搜寻和打捞才有声有色地开始了。

1626年6月初，梅连的水手用一只铜潜水钟，发现“圣玛格丽特”号上的主要压舱物。接着梅连的打捞者们捞出一些银锭和3万多枚银币。梅连大喜过望，打算对打捞工作投入更多的金钱和精力。然而就在这时与西班牙敌对的荷兰船只在邻近海域徘徊，为了避免不必要的冲突和麻烦，梅连只得撤离。之后，梅连重返沉船处，打捞起151块银锭、更多的银币、1只大锚、8门铜炮、一些铜皿和银器。1628年又打捞出37块银锭、大约3000枚银币，但大量的财宝仍然留在海底。

1629年打捞季节前，梅连被委任为委内瑞拉的总督，去加拉加斯上任，于是打捞“圣玛格丽特”号的工作也就此中止了。“圣玛格丽特”号的打捞清单被送到了西班牙，存放在安第斯档案馆。随着时间的推移，西班牙的实力不断衰弱，失事的船只和它们的巨额财宝便只能埋葬在佛罗里达浅滩外的沙底被人们遗忘了。

1971年，一位老资格的打捞者梅尔因·A·费西根据从西班牙档案馆搜集到的材料提供的线索，发现了“亚特查”号上的大锚和其他一些物品。但“圣玛格丽特”号——它在已知的佛罗里达财宝传说中犹如一只“幽灵船”，被谣传躺在不同的地方。档案馆的材料有些地方也记录的模糊不清。一份材料上标明“圣玛格丽特”号在“亚特查”号以西5.6千米处，而另一份材料却把它标在“亚特查”号的东面1.9千米处。它到底在什么位置，谁也说不清。

1980年1月，费西在西沙洲召开了一次会议，计划进一步打捞的步骤。紧急情况迫使他下定决心打捞，因为一个资金充足的竞争者已经在费西发现“亚特查”号残余物的附近开始行动了。费西与另一位打捞者罗伯特·乔丹签署了一份合同，由他在打捞中帮助费西。

冬天的沙洲狂风频起，但1980年的冬天却是合作而友好的，既没有狂风，也没有暴雨，甚至出现了难得的艳阳天。连续几天来，在“亚特查”号西面用地磁仪搜索都毫无结果，乔丹驾驶他的船“卡斯第连”号来到东边搜索。不久，在一片宽阔的沙滩边缘，地磁仪在坐标图上绘出独特的线条，乔丹在此抛了锚。潜水员发现一只小锚，接着发现了一只1.8米宽的大锅。一个电子仪器引导“卡斯第连”号驶向北方。让他们兴奋不已的是，在他们下一个停船处的海底铺满了压瓣、西班牙陶器，他们还打捞上来4枚被一块厚皮包缠着的银币。

在第一个发现点以北的浅水中，“卡斯第连”号的潜水员发现了3块很沉的大金块。回到码头后，潜水员们兴高采烈地打开香槟酒，并用其中一块金块做搅酒棒。每个人都在猜测：这是一条什么船，会不会就是“圣玛格丽特”号？

“维格罗娜”号在费西的公司里被称为“财宝的发现者”。几天后，费西的高个子、长着红头发的儿子驾驶这条可敬的工作船来到一块可能的地区。他戴上水下呼吸器，跃入水中。

这个年轻的潜水员惊奇地看到6块银锭整齐地排成两行，间隔非常匀称地靠在基岩上，在清澈的水中一览无遗：他看见一条被压舱石、铜锭和密集的装饰物覆盖着的，大约7米长的木船的大部分。继续在周围的区域打捞，潜水员们发现了1块金块、2块很大的银锭和1只小银碗，还有摇沙器、炮台、盘子等。他们花了很大气力才把一包重47千克的银币拉上船。这些银币还保持着原来放在箱子里的形状，但盛放它们的木头箱子早已腐烂掉了。

拿银锭上的标志与“圣玛格丽特”号的舱单对照后，人们惊喜地发现这只船正是“圣玛格丽特”号。1980年5月2日，“卡斯第连”号的潜水员们靠近了“圣玛格丽特”号沉没中心的地点，碰到了一条“富矿带”：11块大金块，4块小金块，1个大金圆盘的一部分重约23千克，5枚小埃币斯库多金币，6块小银锭，2块古巴铜锭和581枚银币。

接下来的7月8日可以被称为“金项链日”。当潜水员潘塔·卡林在一块银锭周围用手摸索时，一根大金链突然跃了出来，接着一根接一根，全附在一起缠成一个金团——共有15根之多。其中最大的一根有149个装饰链接。在“财宝的发现者”——“维格罗娜”号附近，不久又发现了6块金块和1个金盘。

1981年深秋，从“圣玛格丽特”号打捞出的全部财宝证实，它们被撒落在一条长达1200余米长的航道上。单是金块、金条、金盘就重达54千克，费西和他的水手们还发现了约55米长的金链和56枚金币。这是迄今为止从西班牙沉船中打捞出黄金数量最多的一次。

失踪的特提斯海

令人难以想象的是，今天浩瀚的地中海在过去曾是一个比现在大上百倍的喇叭形巨洋。更令人难以想象的是，当年的巨洋，今日的地中海，也曾有过一片干涸的时候。正因为如此，近两个世纪以来，地中海课题一直为世界许多国家的地质学家们所关注。

大约在距今2.8亿年前，地球上的海陆分布格局与今天完全不同。那时的非洲、印度、澳大利亚和南极洲是连在一起的古陆，地质学上把它叫作冈瓦纳古陆。在冈瓦纳古陆北部和欧亚古陆的南部，存在着一个规模巨大的古海洋，也就是地质学家们所称呼的“中央地中海”。

1883～1909年，奥地利著名地质学家爱德华·修斯，出版了《地球的面貌》一书，首次提出稳定陆块的概念。同时，他根据古希腊神话故事有关特提斯的传说，给这个古老的地中海起名叫“特提斯海”。希腊神话故事说，特提斯容貌美丽，有“美发女神”和“银脚女神”之称。她心地善良，对遇难的神灵总会尽力给予帮助。因此，直到今天，地学界的科学家们一直沿袭使用“特提斯海”这个美丽而尊贵的名字。

从特提斯海到今天的地中海，这片海域经历了漫长的地质演化时期。饱经沧桑的特提斯海的每一次变化，都在地球上留下了深深的印记，同时也为我们留下了许许多多的不解之谜。特提斯海的演化史为科学家，特别是地质学家们提供了一个长期而又富有魅力的课题。

关于特提斯海消失的原因，多年来一直是地学界探索的老问题，也是今天地学界研究的“热点" 问题。20 世纪末 21 世纪初，一些地质学家根据当时所获得的资料，再加上丰富的想象力，提出过种种有关特提斯海消亡的假说。到了近代，科学技术手段比过去有了很大发展，所取得的资料比过去丰富得多，于是，各种观点之间既有排斥否定，又有渗透融合，逐渐形成了两大学派：固定论和活动论。

固定论者认为，今天的地中海是一个复合式海盆。在其陆块沉陷与裂合作用下形成了边缘海，经常有火山活动和地震发生就是最重要的证明。固定论者还勾画出地中海复合式海盆的某些特征。我国著名地质学家黄汲清教授所创立的槽台多旋回说，对特提斯海的形成演变做了有说服力的论证。例如，在我国大陆及其他地区，发现了很多特提斯海全盛时期的生物化石、沉积岩、岩浆岩及火山喷发的物质。在我国新疆还找到了只有在冈瓦纳古陆上生长过的动物水龙兽、二齿兽化石。就连冈瓦纳古陆和欧亚大陆发生碰撞的缝合线，也在我国的西藏、新疆、青海的边界处找到了。不仅如此，人们还认为，阿尔卑斯山—地中海—喜马拉雅山是一条中生代与新生代以来的地槽带。

活动论实际上是用大陆漂移学说、海底扩张学说、板块构造学说来解释地中海的成因。“格洛玛·挑战者”号钻探船在世界各大洋获得的大量钻孔岩心资料，以及海底古磁性条带的被发现，使人们有更多的理由相信是海底扩张造成了陆地板块的漂移。

根据这一学说，大西洋在逐渐扩大，太平洋则在逐渐缩减，而地处欧、非、亚大陆中的地中海，正处于逐渐消亡的过程之中。于是，有的科学家认为，今天的地中海是古特提斯海的一部分。2. 5 亿年前的特提斯海位于北方欧亚大陆和南方冈瓦纳大陆之间，由于大陆板块的漂移，南北两大块古陆逐渐靠近，使得东部的特提斯海在阿拉伯板块和印度板块同亚洲板块漂移缝合之后，逐渐归于消亡，喜马拉雅山就是板块缝合线上的山脉；西部的特提斯海，由于非洲板块和欧洲板块的靠近，逐渐发生抬升，形成了阿尔卑斯山系。因此，今天的地中海完全可以看做是特提斯海的残留部分。

不过，对于这一问题的研究结论至今尚未尘埃落定，真正让人信服的答案依然有待于发现。

死亡水域

1969 年 7 月 30 日，西班牙各家报纸都刊登了一条消息，国内一架“信天翁”式飞机于 29 日 15 时 50 分左右在阿尔沃兰海域失踪。

人们得到消息后，立即到位于直布罗陀海峡与阿尔梅里亚之间的阿尔沃兰进行搜索。由于那架飞机上的乘员都是西班牙海军的中级军官（上校和中校），所以军事当局同样相当重视，动用了 10 余架飞机和 4 艘水面舰船。当人们搜寻了很大一片海域后，只找到了失踪飞机上的两把座椅，其余的什么也没有发现。

在这次事故发生前两个月，即同年的 5 月 15 日，另一架“信天翁”式飞机也在同一海域莫名其妙地掉进了大海。

那次事故发生在 18 点左右，机上有 8 名乘务员。据目击者说，那架飞机当时飞行高度很低，驾驶员可能是想强行进行水上降落而未能成功。机长麦克金莱上尉侥幸生还，当即被送往医院抢救。尽管伤势并不重，但他根本说不清飞机出事的原因。

人们还在离海岸大约 1 海里的出事地点附近打捞起两名机组人员的尸体。后来几艘军舰和潜水员又仔细搜寻了几天，另外 5 人却始终没有找到。据非官方透露的消息说，那次飞行本来是派一位名叫博阿多的空军上尉担任机长的，临起飞时才决定换上麦克金莱。这样，博阿多有幸躲过了那次灾难。然而好运并没能一直照顾他。时隔两个月，已被获准休假的博阿多再次被派去担任“信天翁”式飞机的机长。这次，他回不来了。这一事实促使人们得出结论说，这是两起一模一样的飞机遇难事故——两架相同类型的飞机，从同一机场起飞，由同一个机长（博阿多）驾驶，去执行同一项反潜警戒任务，在同一片海域遇上了相同的灾难。但谁也无法解释，失踪的“信天翁”式飞机发回的最后呼叫“我们正朝巨大的太阳飞去”，究竟意味着什么。

西地中海“死亡三角区”的三个顶点，分别是比利牛斯的卡尼古山，与摩洛哥、阿尔及利亚、毛里塔尼亚共同接壤的廷杜夫，再加上加那利群岛。在这片多灾多难的海域，不断发生着飞机遇难和失踪事件。

1975 年 7 月 11 日上午 10 点 30 分，西班牙空军学院的 4 架“萨埃塔式”飞机正在进行集结队形的训练飞行。突然一道闪光掠过，紧接着，4 架飞机一齐向海面栽了下去。附近的军舰、渔船以及潜水员们都参加了营救遇难者和打捞飞机的行动。他们很快就找到了 5 名机组人员的尸体。但是这 4 架刚刚起飞几分钟的飞机为什么要“齐心合力”朝大海扑去呢？西班牙军事当局对此没有做出任何解释，报界的说法则是“原因不明”。

有人做过统计，从 1945 年二次大战结束到 1969 年 20 多年和平时期中，地图的这个小点上竟发生过 11 起空难，229 人丧生。因此，飞行员们都十分害怕从这里飞过。他们说，每当飞机经过这里时，飞机上的仪表和无线电都会受到奇怪的干扰，甚至定位系统也常出毛病，以致搞不清自己所处的方位。这大概就是他们把这里称为“飞机墓地”的原因吧。

如果说飞机失事是因定位系统失灵导致迷航造成的，那么对货轮来说，就令人费解了。因为任何一位船员都知道，太阳就可以用来作为确定方向的参照物。

西地中海面积并不大，与大西洋相比气候条件也算是优越的。然而，在这片海域失事的船只却一点也不比飞机的数量少。

这里发生的最早一起船只遇难事件是在 1964 年 7 月，一艘名为“马埃纳”号的渔船不幸遇难，有 16 名渔民丧生。此事相当奇特，在当时引起了人们各种各样的猜测。但 8 月 8 日，西班牙报纸刊登这则消息时却说：“对此没有一个合情合理的解释。”

事情经过是这样的：7 月 26 日 22 点 30 分，特纳里岛的一个海岸电台收到从一艘船上发来的一个含糊不清的“SOS”呼救信号。但它既没有报出自己的船名，也未说出所在的方位。23 点整，该电台又收到一个相同的告急信号，之后就什么也听不到了。

第二天上午10点45分，海岸电台收到另一只渔船发来的电报，说他们在距离博哈多尔角以北几海里的地方发现了7具穿着救生衣的尸体。有人认出他们是“马埃纳”号上的船员。电文还说，7具尸体旁边还浮着一只空油桶和6个西瓜，此外什么都没发现。

为了寻找可能的幸存者，海岸电台告知那片海域上的船只，让他们也沿着前一只渔船的航线航行。过了一天，一艘渔轮报告说找到了3具穿救生衣的尸体。几十只船在这里又整整搜寻了3天，均一无所获。后来在非洲海边的沙滩上又发现了两个人的尸体。这样一共找到了12个人，其余4人却始终没有下落。

事后人们提出了许多疑问。比如，在相隔半小时的两次呼救信号中，“马埃纳”号的船员怎么没能逃生？他们为什么两次都不报出自己的船名和方位？也许那些穿着救生衣的人是被淹死的？遇难地点离海岸不到2000米，为什么船上那些水性娴熟的船员竟连一个也没能游到岸边？还有人推测说他们是饿死的。但是这似乎也站不住脚，因为最先被捞上来的那7名船员在海里就多待了9个小时，这么短的时间，一般是不大可能饿死人的。还有一种认为船上发生过爆炸事故的假设也可以被推翻，因为捞上来的尸体完全没有伤痕。任凭人们如何猜测，制造了这场灾难的大海一直保持着沉默。不过，事情还远远没到结束的时候。

地中海7月份的气候总是风和日丽的。1972年7月26日上午，“普拉亚·罗克塔”号货轮从巴塞罗那朝米诺卡岛方向行驶。到了下午，不知怎么回事，这艘货轮掉转船头驶到原航线的右边去了。原来，船上的导航仪这时候奇怪地受到了干扰，并且船长和所有的船员没有一个人能够辨明方向。出发时船长曾估计，他们在第二天上午10点左右即可抵达目的地。但次日凌晨5时，“普拉亚·罗克塔”号遇上的几名渔民却说，这里离他们要去的米诺卡岛足有几百海里。

很难设想，在这段时间里，这艘货轮上所有的人都丧失了理智或喝醉了酒，以致连辨认方向的能力都没有了。这又是一起没人说得清楚的海上事故。

在地中海的土伦湾海域，从1964年到1970年的26年里，有6艘潜艇失去了踪迹。而这段时间全世界其他地方发生的潜艇遇难事件加在一起，也不过11起。相比较而言，这里潜艇遇难的比例委实有些太高了。在这方面，当获“金牌”的非法国莫属，一艘遇难潜艇中有4艘是法国的。

1968年1月20日，乘有52名艇员的法国潜艇“密涅瓦”号在土伦海域不见了。由于这里的海底有许多深沟，被认为是试验深潜器性能的好地方，于是该潜艇被派往该地进行这种试验。

消息传来，法国军方当即派出30艘装有先进声呐仪的海军舰只前往出事地点进行搜寻，一些侦察飞机和救生机也出动了。美国一艘专门用于海底搜寻工作的船只“海燕”号，应法国政府的请求随后前来协助。两天前“海燕”号正在寻找在这同一片海域里失踪的以色列潜艇“达喀尔”号，因工作毫无进展，便投入新一轮的搜寻工作。

最后，一切希望全都破灭了。“密涅瓦”号和“达喀尔”号一样，永远地从地球上消失了。

南极梦魇

一提起魔海，人们自然会想到大西洋上的百慕大“魔鬼三角区”，这片凶恶的魔海，不知吞噬了多少舰船和飞机。它的“魔法”究竟是一种什么力量？科学家们众说纷纭，至今还是一个不解之谜。然而在南极，也有一个魔海。这个魔海虽然不像百慕大三角区那么贪婪地吞噬着过往的舰船和飞机，但它的“魔力”足以令许多探险家视为畏途，这就是威德尔海。

威德尔海是南极的边缘海，是南大西洋的一部分。它位于南极半岛与科茨地之间，最南端到南纬83°，北至南纬70°~77°，宽度在550千米以上，它因1823年英国探险家威德尔首先到达于此而得名。

“魔海”威德尔海的魔力首先在于海上流冰的巨大威力。南极的夏天，在威德尔海北部经常有大片的流冰群。这些流冰群像一座座白色的城墙，首尾相接，连成一片，有时中间还漂浮着几座冰山。有的冰山高一两百米，方圆二三百平方千米，就像一个大冰原。

这些流冰和冰山相互撞击、挤压，发出一阵阵惊天动地的隆隆响声，使人胆战心惊。船只在流冰群的缝隙中航行异常危险，说不定什么时候就会被流冰撞坏或者驶入“死胡同”，使航船永远留在这恐怖的冰海之中。1914 年，英国的探险船“英迪兰斯”号就被威德尔海的流冰所吞噬。

在威德尔的冰海中航行，风向对船只的安全至关重要。在刮南风时，流冰群向北散开，这时在流冰群之中就会出现一道道缝隙，船只就可以在缝隙中航行。如果一刮北风，流冰就会挤到一起，把船只包围。这时船只即使不被流冰撞沉也无法离开这茫茫的冰海，至少要在威德尔海的大冰原中待上一年，直到第二年夏季到来时，才有可能冲出威德尔海而脱险。

但是这种可能性是极小的。由于一年中食物和燃料有限，特别是在冬季，由于暴风雪的肆虐，使绝大部分陷入困境的船只难以离开威德尔这个魔海，它们将永远“长眠”在南极的冰海之中。所以，在威德尔及南极其他海域一直流传着“南风行船乐悠悠，一变北风逃外洋”的说法。直到今天，各国探险家们还恪守着这一信条，足见威德尔海的“魔力”了。

在威德尔海，不仅流冰和狂风对人施加淫威，鲸群对探险家们也是一大威胁。夏季，在威德尔海碧蓝的海水中，鲸鱼成群结队。它们时常在流冰的缝隙中喷水嬉戏，别看它们悠闲自得，其实凶猛异常。特别是逆齿鲸，是一种能吞食冰面任何动物的可怕鲸鱼，是有名的“海上屠夫”。当它发现冰面上有人或海豹等动物时，会突然从海中冲破冰面，伸出头来一口将其吞食掉。它用那细长的尖嘴，贪婪地吞噬海豹和企鹅，其凶猛程度令人毛骨悚然。正是逆齿鲸的存在，使得被困威德尔海的人大多难以生还。

绚丽多姿的极光和变化莫测的海市蜃楼是威德尔海的又一“魔力”。船只在威德尔海中航行，就像在梦幻的世界里飘游。它那瞬息万变的自然奇观，既使人感到神秘莫测，又令人魂惊胆丧。有时船只正在流冰缝隙中航行，突然流冰群周围出现陡峭的冰壁，好像船只被冰壁所围，挡住了去路，似乎陷入了绝境，使人惊慌失措。霎时，这冰壁又消失得无影无踪，使船只转危为安。有时，船只明明在水中航行，突然间好像开到冰山顶上，顿时把船员们吓得一个个魂飞九霄。

还有，当晚霞映红海面的时候，眼前常出现金色的冰山，倒映在海面上，好像向船只砸来，给人带来一场虚惊。在威德尔海航行，大自然不时向人们显示它的魔力，戏弄着人们，使人始终处于惊恐不安之中。

正是大自然演出的这一场场闹剧，不知将多少船只引入歧途。有的竟为躲避虚幻的冰山而与直下的冰山相撞；有的受幻景迷惑而进入流冰包围的绝境之中。

死人复活之谜

百慕大三角在世人的心目中简直比魔鬼还可怕，在那里莫名其妙失踪的飞机和船只不知有多少，这片恐怖的海域不知吞噬了多少人的生命。但是世间事无奇不有，也有人在百慕大死而复活，连自己也不知道是怎么回事。

1989年2月26日，一艘巴拿马渔船在百慕大三角南75千米处作业。人们发现一白色布袋在海面上一沉一浮，拉出海面一看，里面竟是一个活人。这个人叫米高维尔斯奇思，他在1926年死于癌症——他随身携带的一些文件证明了这点。他先被送到百慕大医院，后又被转至欧洲苏黎世精神病中心，以便找出其“死而复生”的原因。医生们费尽周折后也找不出原因，他自己也不明所以。

此人1918年移居百慕大，1923年患癌症，1926年3月24日，他的妻子遵照其生前要求海葬的遗愿，把他装在帆布袋里海葬，抛到百慕大以南的海里。想不到63年后他怎么活过来了呢？即使“复活”了，在帆布袋里也会淹死、饿死呀！他本人对这些也不能解释，他说“死”后自己也很模糊，只记得恢复知觉时被人救上了渔船。

1946年3月16日，白赖仁和莉地亚结为夫妇。一年后，他们在百慕大坐游艇度蜜月，在游览中，白赖仁失足坠入海中，被汹涌的波涛卷得无影无踪。莉地亚回到家乡肯特基后，不再嫁人，苦苦思念着丈夫。

43 年后的 1990 年初，莉地亚心血来潮，她要故地重游，租用了 63 岁老船长杜比亚辛的船，当船驶到她丈夫被溺的海域时，被认为早已溺死的白赖仁竟奇迹般地出现在该船的甲板上，与其忠贞的妻子拥抱、接吻，之后却又出乎意料地双双消失了。

好在船长并未因惊奇而发昏，就在这对夫妇拥抱、接吻的一刹那，他不失时机地利用照相机拍摄了一张珍贵的照片，并在返回港口后向警方出示这张照片，令警察也不得不相信这个事实。令人不解的是，白赖仁当初是怎么活下来的？这 43 年他在干什么？夫妻相会后为什么又双双不明不白地“消失”了？他们又去了哪儿？显然，这不是现今人类的知识所回答得了的。

这种“死而复活”的事比天方夜谭还神秘离奇，在地球人中相信的恐怕还不到百分之一，但既然别人言之凿凿，我们也就姑且听之吧。但是，或许我们应该记住亚历克西斯·卡雷尔博士的一句名言：“科学的责任不是回避事实，不管这些事实是明摆着的，还是无法解释的。”

魔鬼海之谜

1952 年 9 月 18 日，日本渔轮“妙神丸”号返回港口。船员们说，海面上恶浪翻滚，几乎形成了巨型的穹顶。

“妙神丸”号带回来的报告，引起日本科学界的注意，因为他们估计渔轮水手所描述的现象，很可能是海底火山爆发所引起的。日本列岛饱受地震之苦，所以对此事格外留心注意。3 天后，日本航海安全署派出它的巡逻艇“敷根丸”号驶向了这片海域。

与此同时，东京渔业大学召集一批专家，连同《朝日新闻》记者，一起登上前去考察的海洋考察船“新阳丸”号。

9 月 23 日，“新阳丸”号的仪器记录下海底火山爆发的情况。这时，

"敷根丸"号巡逻艇返回港口报告说：海面上发现一个黄烟袅袅、新冒出来的小岛。然而，当"新阳丸"号赶到现场时，除了看到两块岩石裸露在海面之外，所谓新冒出来的小岛全都沉入海中。由于海底火山爆发越来越厉害，"新阳丸"号只得返航。可是日本水文地理署的官员开始为他们派出的另一艘考察船"海阳5丸"号的安全问题担心了。这艘船9月21日载着一批专家驶离东京，至今音讯全无。

他们耐心而忐忑不安地等待了几天，仍然毫无音讯。"海阳5丸"自离港后，未发回一封电报。水文地理署立刻开展营救工作，派出人员船只前往搜索。因为船上载有日本最著名的一批专家，连同船员共计31人。但是前往搜索的人空手而归，他们说除了发现那座海底火山重新爆发之外，什么也未发现。"海阳5丸"失踪了。为什么搜寻的人员在海面上找不到任何漂浮物？为什么"海阳5丸"连份电报都没发回？船上装有30吨燃料，为什么遇难水域连一点油花都没有？

当然，如果仅仅是这一起失踪事件，人们是不会把这里称为"魔鬼海"的。早在1928年2月28日，一艘6000吨级的美国轮船"亚洲王子"号驶离纽约港，经巴拿马运河驶入太平洋。一个星期之后，一艘名叫"东部边界城市"号的轮船，曾经收到"亚洲王子"号发出的呼救信号，这个信号重复了几次就消失了。

驻夏威夷的美国海军动用很多力量前往搜寻，但一无所获。到底是什么力量在日本的"魔鬼海"作祟，人们始终未能找到合理的解释。

航船坟场之谜

加拿大东南部的新斯科舍半岛东南约300千米的大洋中，有一座镶有宽阔边沿的狭长而又弯曲的小岛，这就是令不少航海家毛骨悚然的塞布尔岛。

几百年来，有500多艘大小航船在该岛附近神秘地沉没，丧生者多达

5000 余人。塞布尔岛因此获得一个绰号——航船的坟场。塞布尔岛由泥沙冲积而成，全岛到处是细沙，不见树木。小岛四周布满流沙浅滩，水深约有 2 ~4 米。船只一旦触到四周的流沙浅滩，就会遭到翻沉的厄运。

塞布尔岛海拔不高，只有在天气晴朗的时候，才能望见它露出水面的月牙形身影。人们曾亲眼目睹几艘排水量 5000 吨、长度约 120 米的轮船，误入浅滩后两个月内便默默地陷没在流沙滩中。

1898 年 7 月 4 日，法国“拉·布尔戈尼”号海轮，不幸触沙遇难。美国学家别尔得到消息，自认为船员们可能已登上塞布尔岛，便自费组织了救险队登上该岛，可他们待了几个星期，却连一个人影也没有发现。

历史资料表明，在塞布尔岛那几百米厚的流沙下面，既埋葬了遥远古代的各式各样的海盗船、捕鲸船、载重船，又埋葬了世界各国的近代海轮。由于岛上浅沙滩经常移动位置，因此人们很少有机会发现沙滩中航船的残骸。

19 世纪，一艘美国快速帆船下落不明，直到 40 年前，它的柚木船身才从海底露出。然而 3 个月后，船体上又堆上了 30 米高的沙丘。

1963 年，岛上灯塔管理员在沙丘上发现了一具人体骨骼、一只靴子上的青铜带扣、一支枪杆和几发子弹，以及 12 枚 1760 年铸造的杜布朗金币。此后，又在沙丘中找到厚厚的一沓 19 世纪中叶的英国纸币，面值为 100 万英镑。

由于航船在塞布尔岛不断罹难，船员们纷纷要求本国政府在岛上建造灯塔，设立救护站，可没有一个国家愿意在这微不足道的孤岛上付出代价。

1800 年，在新斯科舍半岛发现了不少金币、珠宝及印有约克公爵家徽的图书和木器，而这些物品是渔民从塞布尔岛上换来的。这事引起英国政府的注意。因为当年开往英国的“弗莱恩西斯”号，从新斯科舍半岛起航后，便杳无音信。

英国海军部认为，“弗莱恩西斯”号遇难后，船员可能登上塞布尔岛，而被当地居民杀死，船上财物被洗劫。后来的调查最终搞清了真相：船员与船一同被无情的海沙吞没了。

几个月后，英国的“阿麦莉娅公主”号又沉陷于塞布尔岛周围的流沙中，船员无一生还。另一艘英国船只闻讯赶来救援，不料也遭同样厄运。英国政府大为震惊，立即决定在岛上建造灯塔，设立救生站。

1802年，在塞布尔岛上建立了第一个救生站。救生站仅有一间板棚，里面放着一艘快速艇，板棚附近有一个马厩，养着一群壮实的马。每天有四位救生员骑着马，两人一组在岛边巡逻，密切注视着过往船只的动向。

救生站建立后，发挥了巨大的作用。1879年7月15日，美国一艘排水量2500吨的“什塔特·维尔基尼亚”号客轮载着129名旅客从纽约驶往英国的格拉斯哥，途中因大雾不幸在塞布尔岛南沙滩搁浅，但在救生站的全力营救下，全体船员顺利脱险。1840年1月，英国的“米尔特尔”号被风暴刮进塞布尔岛的流沙浅滩，由于他们求生心切，在救援人员还未赶到时纷纷跳海，结果全部丧命。两个月之后，空无一人的“米尔特尔”被风暴从海滩中刮到海面，在亚速尔群岛又一次搁浅时，才被人们发现。

可怕的塞布尔岛已划入加拿大版图，岛上现已建立有现代化设备的救生站、水文气象站、电台、灯塔，并备有多架先进的直升机。每当夜幕降临时，在30千米远的地方便可以看到岛上东西两座灯塔闪烁的灯光。每天24小时，岛上无线电导航台不停地向过往的各国船只发射电波信号警告。尽管近几十年航船在该岛罹难事件已大大减少，可有关塞布尔岛的古老民歌还在告诫人们：避开这可怕的坟场。

神秘撞船事件

在辽阔的大西洋上，两艘装有当时最先进导航仪器的优质海轮相向驶近。彼此早在几百多千米以外便通过雷达装置看到了对方。可是，一路小心避让的结果，却偏偏撞个正着。这事儿你说怪不怪？

事情发生在1956年7月25日，当天是星期三。两艘不幸相撞的船，一艘叫“阳里亚办”号，属于意大利航业公司所有；一艘叫“斯德哥尔摩”号，属于瑞典瑞美公司所有。前者于1951年6月在热那亚下水，装备着当时最先进的全套仪器与装置，号称“无论天气如何恶劣，都可以平稳航行”。后者的设备在那时也是第一流的，而且它还有着一个特别坚硬的船头，以便可以在北极圈的海区内破冰前进。两艘船的船员也是无可挑剔的：可谓个个精兵强将，既有丰富的航海经验，又极富责任心与纪律性。至于两艘船的船长，更是无需质疑。“阳里亚”号的船长卡拉美，时年58岁，拥有40年航海的辉煌纪录，战时曾任海军司令，自1953年1月起即担任该船船长。他忠于职守，但对部下却很亲近，管理严格却作风民主。而该船自首航以来连这次已是第51次航行了，5年间从未发生过任何大小事故。“斯德哥尔摩”号的船长拿腾逊，时年63岁，仅替该船所属的瑞美公司服务即达40年。在他那斯堪的纳维亚人的长形脸上显露出的是饱经风霜和与海浪搏斗的坚韧及老练。他那严谨的神色则表示出他惯守纪律、一丝不苟。

星期三下午1时许，“阳里亚”号与“斯德哥尔摩”号在大西洋上相向航行。前者自意大利热那亚出发，朝纽约行驶，距纽约已不到一昼夜的航程了，其时位置在南塔角东264千米处。后者则自纽约出海，目的地是丹麦的哥本哈根，其时位置在南塔角西352千米处。这也就是说，两船距离当晚12时相撞时，其直线距离为616千米，每船平均还需走308千米的航程。南塔角的南塔岛南64千米处有一条灯塔船，它是纽约港设在大西洋近海岸的一个浮动界标：西行的船只可以由它导向纽约港，东行的船只能在它的指引下穿行大西洋。

在大西洋的这一带，每年夏天的气候变幻无常，但对大半辈子都在与大海打交道的卡拉美船长（“阳里亚”号）与拿腾逊船长（“斯德哥尔摩”号）来说，则是司空见惯的事。因此，这天下午3时光景，当海上突生浓雾，“阳里亚”号进入一片伸手不见五指的水域时，卡拉美并不惊慌，但是却开始更加小心起来。每当碰到有雾或大风大浪的坏天气，他都要亲自出现在船桥上指挥。这天他也不例外。卡拉美命令把航速由每小时43千米降至每小时39千米，同时要求“阳里亚”号上的专用雾角每隔一段时间就鸣叫一次。船长还命令特别注意雷达屏幕上的动静。

但此时“斯德哥尔摩”号所处水域还未起雾，天气虽然昏暗有云，然而阳光却不时拨开云层照射在海面上。在船桥上当值的是三副乔安生，这是一个极有责任心、工作也很细致的青年船员。他一直小心翼翼地观察着前方航程上的动静，船长拿腾逊就守在身旁，也未能分散他的注意力。进入当夜9时，乔安生估计了一下离南塔角灯塔船还有80千米的航程。于是他眼睛一眨不眨地紧盯着雷达荧屏。10时30分，屏幕左角出现一个小小的光点。他知道这表示在距离19千米的前方正有一条海轮驶来。

再说“阳里亚”号，在晚上10时30分多一点，卡拉美船长也看到荧屏上出现的一个小光点，也同样知道有一条船正向着自己驶来。他同二副佛兰齐尼算了一下，此时两船的距离约为27千米。于是，在大约相近的时间里，两条相向驶近的船上的指挥员们都密切地注意着荧屏上对方光点的渐渐明亮与扩大。

两条船中，“斯德哥尔摩”号比较靠近海岸，南塔岛在其左舷方向。“阳里亚”号则离岸较远，它的左舷方向是广阔的洋面。当然，按照常理，这两条船的安全交会当是无问题的。可是，为了增强安全系数，卡拉美船长仍命“阳里亚”号把航线再往左调节40°。不过，令卡拉美疑惑的是，当荧屏上的亮点越发明显时，却听不见来船的雾角声，而在这样的雾夜之中，漆黑如磐，却不响雾角，真是难以想象。他自己的船，则一直响着雾角。

在“斯德哥尔摩”号上也存在着同样的疑惑：咱们的雾角尖锐响亮，可传至很远的洋面，可对方却何以闷声闷气，不发一声地朝咱们驶来？更令人不解的是，当双方通过荧屏发现只有8千米的距离时，却都寻不见对方的灯光。其实双方此时都是大开着指示灯的，照说8千米的距离完全可以发现，却硬是发现不了，依然是起初的雾漫漫，夜沉沉……当时，“斯德哥尔摩”号左舷上的红灯大开着。他们也多么希望看到来船左舷的红灯啊，因为只有这样，两条很快就交会的海船才会按照国际航行守则的规定：以左舷相向而过，以避免碰撞。

过了一会儿，船桥上的电话响了，待在“斯德哥尔摩”号船顶上守望观察的船员向三副乔安生报告：“左前方20°发现灯光。”这时，乔安生用肉眼也观察到了一个暗红色的亮点在左前方不到3.2千米处。乔安生立即下令舵转右方。这样好使来船可以清晰地看到本船左舷的红灯。可是，就在这时，来船的红色灯光忽然消失，随即代之而起的是一片绿色……这是怎么一回事？乔安生心里顿感不妙。因为这显示出本船面对的是来船的右舷。换言之，就是来船正拨转船头向着本船船首冲来。这情形就有如在高速公路上西侧行驶的车辆突然横到东侧行车面前来了。乔安生当即做出反应。他将引擎间联络通讯器的把手从“前进”位置果断地扳到“全速后退”的位置。

此时，船长拿腾逊正待在自己的船舱里。他明显地感到一阵由引擎改变转向而引起的震动，立刻赶到船桥上来……

在“阳里亚”号一方的船桥上，此时的情况也完全一样：来船为什么不鸣雾角，却突然出现在眼前？眼看着对方的灯光迅速变亮、放大……猛然间，一名船员高声喊道：“它转过来了，撞上来了！”其实，此时对方的船，即“斯德哥尔摩”号正在采取紧急避让措施，但在“阳里亚”号看来，“斯德哥尔摩”号乃是全速地抢到自己的航道上来，并拼命撞来！卡拉美船长当机立断，发出命令：“赶快躲开！急速左转！全速后退！”

孰料此时已躲闪不及，只听得轰隆一声巨响，“斯德哥尔摩”号那无比坚强的钢角已拦腰插入“阳里亚”号的船身，犹如一支尖矛射中大鲸鱼一样。

两船互相绞缠在一起，在漆黑的海上擦出星星般的火花。这时，“斯德哥尔摩”号的“全速后退”才真正发挥作用——它“吭哧吭哧”地艰难地从对方船身中拔出钢角……虽然“阳里亚”号摆脱了羁绊，但却全然失去控制，开始摇晃下沉。

“见鬼！”卡拉美船长只来得及咒骂出这一声，便迅速指挥船员放出救生艇与舢板，紧急援救本船的1134名旅客。闯了大祸的“斯德哥尔摩”号自然也参与了大援救，将对方的旅客转移过来。此时，两船探照灯大开，人声鼎沸、哭喊喧嚷，犹如炸开锅一般，附近有五六条过路船闻讯赶来，也加入了救助行动……

7月26日上午10点整，“阳里亚”号完全沉入海底。最后清点人数，该船死亡43人（多半在撞船瞬间便已丧命）。船长卡拉美痛不欲生，抱着与船共存亡的决心准备随船自尽，在最后一分钟才被船员生拉硬拽地拽上救生艇。

这真是一个不可思议的沉船悲剧。可是，也有因祸得福的：一位19岁的意大利女移民安苏丽在被救上救生艇时突然跌落大海，一位纽约青年哈得生奋不顾身跳水救美。8个月后，两位青年竟喜结良缘。

那么，此次临近纽约港时才发生的撞船事故责任在谁呢？两家轮船公司相互控诉，而提出的证据又都证明自己无罪，于是只得在庭外和解。可是，到底谁是肇事者呢？难道真如卡拉美船长所咒骂的——“撞到鬼了”？

三、海洋文明的遗迹

失落 2000 年的海底城市

一尊令人叹为观止的古埃及神像于 2001 年在海底被发现了，它是在一座被毁坏的叫赫克雷恩的古城里被找到的。这尊花岗岩神像约 5.8 米高，6 吨重，是肥沃和营养的象征。探险队队长弗兰克·戈迪奥说："这是在埃及发现的最大神像之一，这尊神像非常完整，没有任何损坏和失落。"

2003 年一个阳光明媚的日子里，"杜达公主"号探险考察船上的队员们把一根光缆放进了离埃及海岸 6.4 千米的地中海海底，在约 9 米深的水下，带着轻型潜水呼吸器的潜水员从淤泥掩盖的毛石建造的赫克雷恩游过。这座古城是 1300 年前像神话中的阿特蓝提丝岛一样突然消失在海底的。但赫克雷恩的古城并不是神话。两年前，这些潜水员就已经确定了阿布柯里这座异常完整的城市。如今他们正用吊车起吊这些庙宇神像和那些在淤泥深层找到的刻着图案的石头。把它们吊出水面，这些艺术品就会在 2000 年来首次沐浴到温暖的阳光。这些艺术品可追溯到距今 2000 年前的那些岁月。大英博物馆希腊及罗马古迹专家苏姗·沃克说："该资料非常非常重要，因为它从未被干扰或破坏。"弗兰克·戈迪奥说："整座城市沉睡在那里完整无损，它看起来一定像威尼斯，有运河、有港口、有宏大的庙宇和沿运河修建的美丽别墅。"

赫克雷恩的古城是在弗兰克·戈迪奥领导下的探险队的潜水员清淤出的两座沉没的古城之一，另一座古城名叫卡诺珀斯。

根据历史记载，豪华和美感曾是赫克雷恩和卡诺珀斯这两座城市的特点。这两座城市既是宗教庙宇之乡，也在异教徒庆祝狂欢节的活动中扮演了主人的角色。

关于这两座城市的最大秘密，就是究竟是什么使它们沉没的。一些科学家把原因归咎为地震；还有些科学家的理论是海啸引起了这两座城市的沉没。

55岁的戈迪奥曾是一位成功的金融顾问，但他挚爱潜水考古学，而且于1984年收到了加盟在阿布凯尔湾考察打捞拿破仑时代沉船“L. 奥林特”号的邀请。就在戈迪奥下潜的第一天，他就发现了“L. 奥林特”号沉船舵上的铭文。

戈迪奥早已听说过这个海湾的某个地方有两座沉没的城市。1996年，他决定用强大的水下探测技术去进行观察，他的考古队开始在119平方千米的水下进行交叉考察，在地图上标出了他们去的水域。他们的仪器查到了“畸形物”，似乎海底有非同寻常的磁力。当在一个水域发现大批“畸形物”时，装备着长长金属搅拌杆的潜水员便下水探察。潜水员克劳德说：“如果你敲什么东西时发出了‘叮当，叮当’的声音，你就已经找到了石头，你往下挖，看看它是不是一件人工石器。”除了雕像和石碑，潜水员们还取回了饭锅、托盘、镜子、水罐、花瓶、油灯，优美的金珠、金箔、金饭盘和金币，它们将在埃及的亚历山大港建造的博物馆里被展出。大英博物馆的沃克说：“这些展品都是令人难以置信的奇迹——海底发现了2000年前的古代城市，尤其是那些新问世的宝物，则更是令人痴迷和惊异。”这两座海底城市将会成为建筑专家、考古专家及社会学学家潜心研究的对象。

寻找大西洲

我们现代人都知道，当今世界有五个大洲，可是或许有人想过：难道地球上除了这五大洲，就没有第六大洲了吗？

事实上，在许多人的心目中，地球上确实存在过第六个大洲，它的名字就叫作大西洲。

最早记载有关大西洲传说的人当推古希腊大哲学家柏拉图。公元前350年，柏拉图在两篇著名的对话《泰密阿斯》和《克利斯提阿》中详细记述了亚特兰蒂斯的故事。

传说在一万二千年以前，离直布罗陀海峡不远，在美洲、欧洲和非洲之间浩瀚的大西洋中曾存在过一个神秘的大陆，名叫亚特兰蒂斯大陆，又叫大西洲。其面积有2000多万平方千米，比亚洲和利比亚合起来还大。这个岛国气候温和、物产丰富、森林茂密、土地富饶、经济繁荣、科学发达、建筑宏伟、国富民强、威震天下。可是好景不长，有一天，在一次特大地震和洪水中，整个大西洲沉入了海底，消失于滚滚波涛之中，踪影全无。

于是，大西洲何时存在、为何消失、位于何处等等一系列问题便成了人们颇为关心的事情。科学家和专家们进行了许多的探寻和研究，给出了众多的解释。

在古代，有不少富有兴趣而又勇于探险的考古学家便进行过尝试，以期找到柏拉图描绘的那片富于诗意的绿洲。有的科学家提出，正如柏拉图所述，在大西洋中部可能的确存在过一个幅员辽阔的大洲，亚速尔群岛、威德角群岛和马黛拉岛这些大西洋上的岛屿，也许就是大西洲仅存的陆地。中世纪晚期，在欧洲人寻找新大陆的热潮中，还有人把大西洲的位置画在了他们的航海图上。

1882年，美国科学家唐纳利运用考古、语言、人种、地质、植物和动物等方面的知识对其进行综合考察，提出了一个假说。他提醒人们注意，在哥伦布发现美洲以前，美洲与地处旧文明大陆的埃及文化之间有许多惊人的共同之处。如部分金字塔的建筑结构、木乃伊的保存方法、历法等等，两地文化之间有着共同的起源并相互影响，而双方联系的中介者就是新旧大陆间在大西洋上存在过的大陆，即柏拉图所说的大西洲。这片大陆沉落海底后，中断了新旧大陆的交往。唐纳利关于大西洲失落于大西洋中部的推断被自然科学家们否定了。

1958年，美国动物学家范伦坦博士在巴哈马群岛附近的海床发现，那里有着许多巨大的各种形态的几何图形结构和长达好几百里地的线条。又过了10年，他在同一地区的海底又发现了长达几百千米的城墙，此墙由每块16立方米的大石块砌成，他还发现了几个码头和一座栈桥，这显然是沉没了的港口旧址。一时间，大西洲似乎要重现于世了，探险家们纷纷来到巴哈马群岛的这片海域，海底的石墙和码头引起了人们对失落了的大陆的种种猜测和遥想。但这些假说很快又被海洋学家推翻。

一些科学家从地质变化和化石发现的角度认为，亚速尔群岛北部海下的2300米处的岩石是1.7万年前在空气中形成的。有些科学家进而指出，沉睡在亚速尔群岛海底的亚速尔高原在古代曾是一块陆地，它的形状与大小同柏拉图记述的大西洲相似。1974年，苏联海洋考察船在直布罗陀海峡以西556海里的地方发现了一座海底城市，许多人认为这正是大西洲的城市遗址。

近年来，还有人在海地和古巴等地沿岸海底发现了一些金字塔及其建筑遗址，进而认为加勒比海正是大西洲大陆的所在。古代巴比伦人和埃及人以及非洲一些部落就认为大西洲是在他们西边的大陆，而美洲的印第安人则认为大西洲是在他们的东方。

长期以来，人们不懈地努力探索，把眼光从大西洋海域移向太平洋海域，也从海域移向邻近水系的广阔陆地。墨西哥、北欧、北非和澳大利亚乃至中国和印度都成了人们对大西洲的“怀疑对象”。然而，这种种假设仍被人们考察的结果无情地否定了。

目前，多数考古学家倾向于认为，地处地中海东部水域的克里特岛更为接近大西洲的历史地理条件。1870年，德国考古学家谢里曼在希腊的伯罗奔尼撒半岛东北部发掘出了迈锡尼遗址。过了35年，英国考古学家伊文思又在克里特岛上发掘出更早的米诺斯文明遗址。这两件考古学上的伟绩轰动了世界，人们不约而同地将它们与“失踪”的大西洲联系了起来。许多学家认为，现存的克里特岛只是大西洲岛国的残余部分，因为克里特曾是欧洲古代文明的发祥地。

公元前20世纪至前15世纪的450多年间是米诺斯文明的黄金时代，其经济社会与对外贸易曾十分发达。但在经历了四五百年的繁荣期以后，它却遭到了大西洲式的厄运：“一场突如其来的火山、地震、海啸连续爆发，吞没了岛上的一切。”近代火山学的发展已证实了引起这场大浩劫的自然力量来自桑托林岛（位于克里特岛以北约113千米）上的一次猛烈的火山爆发以及随之而来的巨大海啸。

目前，要在桑托林、克里特与大西洲之间画上一个等号，其最大的症结便在时间和面积上，相差甚远。

大西洲究竟在哪里？它存在于何时？为什么消失？传说的大西洲大陆与大西洋之间有何关系？这至今仍是无法揭开的谜。这一旷日持久、长达20多个世纪的探索或许还要继续下去。

谜一样的复活节岛

1722年4月，由荷兰探险家雅各布·罗格文率领的三艘战舰，在东南太平洋的狂风巨浪中颠簸了数月之久。暮色中，他突然发现前方出现一个小岛。在兴奋和猜度中，他们靠近了这个航海图上没有标记的岛屿。然而，他们简直不敢相信自己的眼睛，这个小岛的四周竟然站立着黑压压、一排排参天巨人。再走近一看，原来那是数百尊硕大无比的巨人雕像。

这一天是复活节，所以他们把这个小岛命名为复活节岛。

小小的复活节岛独处地球偏僻的一角，孤立于东太平洋上，远离其他岛屿。西距皮特凯恩岛1900千米，东距智利西海岸700千米。岛长22.5千米，呈三角形，面积约17平方千米。

随着18世纪的探险热潮，西班牙航海家冈萨雷斯和英国探险家库克船长先后于1770年、1774年来到过复活节岛。

1862年12月，秘鲁人围捕了岛上的1000多个居民，把他们运往秘鲁去掘鸟粪。岛上许多显赫的要人也被掠走，他们所掌握的那些世代相传的特殊知识和技能也随之失传，最终只有15人活着返回岛上，还把天花病毒也带到了岛上。天花流行后，岛上人烟更加稀少，到1877年，岛上的居民只剩下110人。

复活节岛贫瘠而干旱，岛的中部是风沙横行的沙漠，粮食根本无法生长。岛上也绝少树木，只有杂草。没有供水，没有河流，岛民只能靠挖池塘蓄存雨水度日。除了老鼠，岛上再没有其他野生动物。居民既无法种粮，也无法狩猎，而只能用简陋的木制工具打洞栽种甘薯和甘蔗，艰难度日。所以这里的岛民长年累月目所能及的除了大海、太阳、月亮和星星，实在是别无他物了。

然而就是这样一个干旱、荒凉，只有少数土著居住的孤岛上，却遍布着1000多尊硕大无比的巨人石像。这些巨人石像最重可达90吨，高9.8米，就连最普通的也有二三十吨重。更加令人惊异的是，这些巨大石像还大都顶着巨大的红石帽子。一顶红石帽，小的也有20吨重，大的重达四五十吨。

科学家们从1914年开始，对复活节岛进行全面的考察和测绘，并逐一统计了岛上石像的分布情况，然而一个个巨大的问号摆在他们面前，令人百思不解。

面对着岛上的巨人石像，人们首先产生的疑问必定是：这些人像是怎样造成的？有人做过精确的计算后指出，这些工作量最少需要5000个身强力壮的劳动力才能完成。他们做了一个严格的实验，雕刻一件中等大小的石人像，就需要十几个工人干上一年，这还不包括完工后的运输。

又有人做过精确的计算，320个劳动力产生的拉力，可以拉动一尊8吨重的石像。那么那些10吨、20吨、80吨重的石像，是怎么拉动的？这些石像又是怎么竖起来，怎么戴上20吨重的红帽子的呢？要知道这个贫瘠的小岛居民们无法种植粮食，食不果腹，最多能勉强维持2000人的基本生存需求，靠什么来养活5000名强劳力？他们吃什么？而人们发现这个岛时，岛上仅仅生活着几百名尚未开化的土著人。他们怎么能够提供找5000名劳力的各种需求，如木材、绳索、食物呢？

人们找到了岛上的九处采石场，只见采石场内那些坚硬如钢的岩石像被切蛋糕似的任意割开，几十万立方米的岩石已被凿成初步的模样。还有300多尊石像，有的尚未完工，有的加工了一半，有的已加工好放在远处等待着运走。

有一尊石像最奇特，它的脸部已雕刻完成，只有后脑勺的一点还和山体连接，只要再有几刀就可和山分离，然而它的制作者却突然停工了。这里的一切似乎都是突然停止的，到处是石斧、石镐、石钎、石凿，大石料

上深刻的凿痕还分明可见，四处布满石屑，好像人们突然接到一个无法抗拒的命令，顷刻间舍弃了一切匆匆离去。这是怎么回事？小岛上到底发生了什么重大的事情呢？

在离复活节岛500米的海面上，有三座高达300米的小岛，分别叫作莫托伊基、莫托努侯、莫托考考。它们四周是危崖绝壁，任何船只都无法靠近。然而岛民们清楚地记得，原来有几尊巨人石像就高高耸立在这危崖的顶端。法国考古学家马奇埃尔证实，这石像确已跌入海中，可石像的基座石坛还稳稳坐落在危崖绝顶上。

考古学家面对着这三个小岛的石坛，真是目瞪口呆。因为他们知道，别说是在史前的原始社会，就是在现代，除了最先进的直升直降的飞行器，谁也无法把这些巨人石像运到悬崖绝顶。

还有，这些巨人石像是谁造的？据第一个到达岛上的罗格文回忆录写道：当时的岛民有的皮肤为褐色，就颜色的深浅而言与西班牙人相似，但也有肤色较深的人，而另一些人完全是白皮肤，也有肤色发红的人。只有数百口人，却分为多种肤色，这更加让人不可思议。

有些研究太平洋的学家认为，复活节岛的巨石人像，应属于玻利尼西亚文化，根据是库克船长所说岛民所使用的话语保留着南太平洋的音韵。而据研究，玻利尼西亚的历史不可能早于公元9世纪。复活节岛的考古调查表明，岛上最早也只能是公元14世纪才有人居住，还有更多的学家认为，复活节岛只是在公元15或16世纪才有人迁入居住，这距离荷兰人首次来岛仅早100多年的时间。如此短暂的时间，居民们怎能完成如此庞大的工程？

但也有另一派专家认为，复活节岛上大概早在公元690年以前就开始建造祭坛。用红色火山石建造的红帽子大概造于公元1110年，至于石像的建造大约从公元450年开始到公元1650年左右才结束。前后共经历了一千多年的时间。而用碳14测定，最早的石像建于公元前1680年。那时又是谁在岛上居住呢？

要想破解这些疑问，最好的办法是找到岛上的文字记载。复活节岛至今人口虽很少，却有一种独特的文字。刻着文字的木板叫作“说话板”，板上密密麻麻地刻满了象形文字，但这种文字与世界上已知的任何一种文字都不相同，而且至今只收集到一块“说话板”和几件刻有这种文字的手工制品。世界各国众多科学家运用了包括电子计算机在内的一切现代科学技术手段，却仍然无法解读。

更令人惊讶的是，复活节岛的居民称自己居住的地方为“世界的肚脐”。这种叫法，一开始人们并不理解，直到后来航天飞机上的宇航员从高空鸟瞰地球时，才发现这种叫法完全没错，复活节岛孤悬在浩瀚的太平洋上，确实像一个小小的“肚脐”。难道古代的岛民也曾从高空俯瞰过自己的岛屿吗？假如确实如此，那又是谁，用什么飞行器把他们带到高空的呢？

在复活节岛的悬崖下，有一堆大圆石块，上面刻有许多鸟首人身的浮雕图案，被称为“鸟人”。居民为什么选择了这种“鸟人”作为崇拜对象？鸟首到底隐喻着什么？有人认为，也许它是指一种能够在高空飞翔的智慧生物，正是这种智慧生物在高空中俯瞰地球，才得出了复活节岛是“世界肚脐”的结论。

在复活节岛上，一切都是那么神秘莫测，古代和现代纠缠在一起，无法分清。谁也无法理解，那种令人惊慌的文化，会在一个太平洋中最偏僻的、与世隔绝的孤岛上独自演化出来。就像那一个个沉默的巨石人像一般，复活节岛留给世界的是个永远难以解开的谜。

淹没的城市哪里去了

在今天，许多英国人都相信，在英国四周的海域里，曾有三个繁荣的古王国被海水淹没了。尽管人们目前很难找到它们曾存在的事实上的证据，然而这个说法一直在流传着。

一个被海水淹没的王国叫蒂诺·哈利哥。传说，这个王国位于英国圭内斯的北面不远的地方，或者说，它就在今天的康韦湾海域。据说，这个王国可能是在公元6世纪之前被海水吞没了。被海水吞没的原因是由于统治者的罪行所至。当时，国王和他的臣民住在利斯·哈利哥王宫，具体地点在今天距离威尔士3.2千米的海面下。据译本记载说：这个国王犯了大罪，全国上下为之愤怒，结果，有一天，海面掀起巨浪，很快淹没了这个离海岸很近的王国。几乎所有的人都淹死了，只有国王和他的儿子得到上帝的宽恕，逃离了王宫，免于被海水淹死。

几个世纪以来，威尔士海岸上的居民坚持认为，在落潮时，可以看见海面下有一座古王宫废墟。但是，1939年有关部门专门组织考察组对这一海域进行调查。结果发现，方圆2万平方米的海底，不是人工建造的，是一片天然礁石群，它的淹没的确切时间是铁器时代。在英国卡迪根湾这个地方，也有一个类似上面所说的古王国“消失”在海水中。“消失”的原因是这个国王自身有致命的性格弱点，造成王国被海水淹没。

据传说，在洛兰德·享德雷德这个地方，人口兴旺，土地肥沃。该岛长64千米，宽32千米，与现在的巴德西岛相连。岛上筑有防海水灌入的堤坝，堤上有一个大水闸。岛上的君王叫圭德诺·加伦赫，掌管着凯尔·圭德诺这座王宫。一天，全城正在举行盛大宴会，不知是由于疏忽，还是酒鬼恶作剧，水闸被打开了，顷刻间，整个国家被淹没，只有少数人幸免于难。这个传说的故事，很像是第一个故事的翻版。

第三个被海水淹没城市的故事发生在一个叫地角的地方。在地角西约8千米处，有一堆叫“七块石”的地方。这个地方一向被康沃尔郡的渔民称为“城镇”。这是历史上昌盛的里昂纳斯王国首都的遗址。在很早以前，从锡利岛到康沃尔郡是连成一体的。在这片陆地上建有大大小小的村落，大约100多座教堂。这里经济文化十分繁荣。后来，大约在公元5世纪的某个时间，海水侵入了里昂纳斯，大片的村落和教堂被淹没。

当时，一个叫特里维廉的人，可能事先有预见，举家迁到康沃尔。果然，大西洋的海水吞没了里昂纳斯，这位幸存者和他的家人在马背上走到康沃尔，成为这个地方第一批定居者。在16世纪，当地的渔民用网捞起据说是当时人用过的窗架和其他建筑物，于是有更多的人相信这个王国的存在。

这三个流传很广的传说是否真有其事，不得而知。然而有一点是肯定的，那就是这三个地区，确有部分海面原先是陆地。而且，在锡利群岛和古岛之间被海水淹没的浅滩上，在康沃尔和威尔士的海底，都发现过人类居住的遗迹。人们推断，在这片遗址上居住的先民们，的确由于某种现在无法知道的原因，居住区被海水淹没而不得不迁移到其他的地方。

今天，传说的古王国存在的故事，要么，是被后人加进了许多富有想象力的事给夸大了，成为神话；要么，它的确真实地存在过。

沉没的姆大陆之谜

浩瀚无垠的太平洋，至今仍然存在着许许多多的秘密，让人浮想联翩，难以释怀。其中，最容易引起人们的种种猜测，而又最让人觉得异想天开的，莫过于对古大陆的推测了。

最早提出太平洋中曾有过古大陆的是英国人种学家麦克米兰·布朗。20 世纪初叶，他在《太平洋之谜》一书中首次提出远古时期太平洋曾经有过一个高度文明发达的大陆。此后，有关这方面的著作屡见不鲜，以英国学者詹姆斯·乔治·瓦特的研究成果最有影响力。他通过大胆的假设、广泛的调查、独到的推理乃至自信的笔勾勒出远古时期太平洋中姆大陆的概貌。

1931 年，他的名著《消逝的大陆》在纽约出版，成为轰动一时的畅销书。此后，他陆续推出了《姆大陆的子孙》《姆大陆神圣的刻画符号》《姆大陆的宇宙力》等一系列专著，奠定了太平洋中古大陆学说的基石。

关于消逝的姆大陆，乔治·瓦特是这样描述的：在远古时期，太平洋中曾经存在过一个古大陆，它是人类文明的摇篮，鼎盛时期的人口约 6400 万，生活在这个大陆上的居民有黄、白、黑各种肤色的人种，他们无贵贱之分，和睦相处。古大陆的国君名叫拉·姆，他既是古大陆的最高统治者，又是最神圣的宗教领袖。姆大陆居民信奉单一的宗教。

古大陆的居民拥有高度的文化，在建筑和航海方面尤其出类拔萃，他们在世界各地都拥有殖民地。

古大陆上共有七大城市，其中希拉尼普拉是首都。境内道路纵横交错，四通八达，港口中船舶云集，商旅不绝。

古大陆没有险峻的高山，只有一望无际的绿色平原和低缓的丘陵，土壤肥沃，丰收连年，终年植物繁茂，四季花果飘香。莲花是古大陆的国花，在水滨尽情地绽放；树荫下彩蝶乱舞，蜂雀呢喃，蝉鸣幽幽；原始森林中野象成群漫游，双耳不时扇动，拍打着骚扰的飞虫；到处是一派宁静祥和的气氛。

可是，有一天古大陆发生了可怕的轰鸣。刹那间，天崩地裂，山呼海啸，火山喷发，岩浆流溢，古大陆的居民与辽阔的国土在一夜之间沉入汪洋大海之中，仅有几处高地露出洋面，侥幸生存下来的居民被隔离在一座座小岛上。古大陆的辉煌瞬间灰飞烟灭，再也没有人记得曾经有过这样一个古大陆，更没有人知道这里曾是人类文明的发源地……

1863 年，法国学者德·布尔布尔在马德里皇家历史学会图书馆里，发现了西班牙征服中美洲时代的神父狄埃戈·德·兰达撰写的《尤卡坦事物考证》又称《尤卡坦纪事》手稿，他根据手稿中记录的玛雅象形文字草图，阅读了现收藏在西班牙的玛雅文献《特洛阿诺抄本》，发觉其中有两处记录了一个名叫“姆”的大陆因火山灾害而消失。他认为姆大陆位于大西洋中，姆大陆一名由此而来。

中美洲尤卡坦半岛玛雅遗址的最早发掘者、法国学者奥格斯特·普伦金在其所写的《姆大陆女王和埃及斯芬克司》一书中，依据《特洛阿诺抄本》和玛雅遗址奇钦伊扎中的壁画等材料，做出了颇富罗曼蒂克的设想。

他认为，古代近亲结婚较为普遍，当时姆大陆由女王姆当政，为了获得女王的爱，她的亲兄弟科（美洲狮）与阿克（龟）展开了生死搏斗，最后阿克杀害了科，霸占了女王姆，并从她手中攫取了对姆大陆的统治权。女王姆感到耻辱，于是逃奔埃及，为了悼念死去的兄弟科，她兴建了斯芬克斯像，自己改名伊西丝（埃及女神），创建了灿烂的埃及文明。

普伦金也认为姆大陆消失在大西洋中，与德·布尔布尔的观点不谋而合，但与乔治·瓦特的观点大相径庭。然而他们都一致认为，中美洲的玛雅人是姆大陆的移民。

乔治·瓦特的研究成果还表明，姆大陆的居民和古代印第安人一样，崇拜太阳神，不仅懂得使用火，而且还创造了人类最早的文字——一种原始的刻画符号。他们用长方形表示国土，盛开的莲花表示姆大陆……这种刻画符号实际上就是纪念姆大陆消逝的碑铭，只不过无人能够释读而已。此外，姆大陆的居民还会烧陶、编织、绘画、雕刻、造船以及航海，渔业也很发达。

至于姆大陆消逝后遗留下来的城市遗迹，乔治·瓦特认为在太平洋诸岛上比比皆是。当时属于姆大陆一部分的复活节岛幸免于这场灾难，没有沉入海底，现在岛上的众多巨人石像和刻有文字的石板很可能就是姆大陆的遗物。波纳佩岛附近的南马特尔小岛上的建筑遗址以王陵所在的“神庙岛”为中心，共有90余座人工岛，每座岛上均有高约10米的玄武岩城墙，岛上还设有防波堤、牢狱等，据说也是姆大陆的遗迹。塔西堤岛上有一种类似中美洲金字塔的建筑物，也是姆大陆的遗物。

诸如此类，不一而足，难道这些互不相关的遗迹、遗址和遗物果真是消逝的姆大陆居民创造的吗？从最新考古研究成果来看，太平洋诸岛上的居民居住历史至多不超过3000年。如何解释12 000年前消逝的姆大陆与太平洋诸岛之间的时间差异呢？

值得一提的是，乔治·瓦特依据的最重要文献材料之一《拉萨记录》是在中国西藏拉萨某寺院中发现的，它是记载4000年前占星术的文献。他依据的其他几件原始文献——玛雅古文献《特洛阿诺抄本》《德累斯顿抄本》《波斯抄本》《科特西亚抄本》等也是记载占星术的文献。这些文献中都记载了姆大陆消亡的情况。

《拉萨记录》中提到姆大陆的沉没是发生在编写该书之前8062年的事件，《拉萨记录》是距今4000年前的作品，据此可以推知，姆大陆的沉没是在距今12 000年前，恰与亚特兰蒂斯大陆（大西洲）沉没的时间相当。乔治·瓦特认为这两个古大陆是由于共同的原因而沉入汪洋大海之中的。

乔治·瓦特还根据多年的研究成果描绘姆大陆居民的移民路线。他认为，人类文明发源于姆大陆，继而传播到美洲大陆，然后又从美洲大陆传播到大西洋上的大西洲，最后才从那里传播到埃及、欧洲和非洲，因此，姆大陆是人类文明的摇篮。根据现代地质学常识，大洋的地壳是由较重的玄武岩构成的，大陆的地壳是由较轻的花岗岩构成的，海底地壳与陆地地壳存在着本质的差异。1968 年，日本东海大学海洋研究所的“白凤丸”号科学考察船在西北太平洋深海海底打捞出一块花岗岩石头，当时它被认为可能是来自阿留申群岛的洋流携带而来的。

无独有偶，1973 年 10 月 23 日，日本东海大学海洋考察船“望星丸”号在九州岛附近的海域打捞出一个含有花岗岩的大锰块，显然再用洋流来解释锰块的来源未免牵强附会。科学家们将这两起发现联系起来推测，它们会不会是沉入海底的姆大陆残留物呢？

日本科学家们正通过对太平洋底全面、广泛的科学考察，力图发掘出新的材料，以期对姆大陆的存在与否给出一个可信的解答。

最后需要指出的是，在地质学上，一般认为地球上最后一次造山运动——阿尔卑斯造山运动发生在距今 6000 万年前，而乔治·瓦特却认为地球上山脉的形成是在距今 12 000 年前，两者之间的差异如此之大，该做何解释呢？

地球表面几度浮沉、桑田沧海固然是事实，但是浩瀚的太平洋中，果真存在过这样一个高度文明的姆大陆吗？或许，这仅仅是对世界充满好奇心的人类一个天真善良的愿望而已？

雷姆里亚大陆之谜

如果世界上有这样一件东西，有的人说它存在，有的人说它不存在；有的人说它这样，而有的人又说它那样，那么，结局或许只有一种，那就是这件东西会变得神乎其神！

在关于雷姆里亚大陆是否存在以及具体的存在形态方面，就是这样一种情形。关于雷姆里亚大陆的大胆假设由来已久，而且近乎神奇。早在19世纪后半叶，地质学家们就开始探讨非洲南部与印度半岛之间是否存在过“陆桥”——雷姆里亚大陆的问题。特殊哺乳类动物生息的马达加斯加岛、阿尔达布拉群岛、塞舌尔群岛、马尔代夫群岛、拉克代夫群岛等等，从非洲南部一直延续到印度半岛南端之间。据此，地质学家们推测，这些岛屿莫非是古大陆的残余?

奥地利史前地理学家梅尔希奥尔·纽马伊亚，在其1887年出版的著作《古代大陆》中，描绘了侏罗纪（爬虫类时代中叶）的世界地图，在这张地图上，“巴西·埃塞俄比亚大陆”的角落延伸到“印度·马达加斯加半岛”。这表明印度与马达加斯加曾是一个相互联接的整体。

奥地利地质学家爱德华·杜斯认为，古生代（鱼和无脊椎动物的时代）南半球存在过一个广袤的“贡达瓦纳大陆”，而北半球则存在过“北亚特兰蒂斯大陆”和“安格拉大陆”，他的论点发表在1880年出版的《地球表面》一书中。

德国生物学家恩勒斯特·海因里希·赫凯尔发现，一种栗鼠与猿杂交的动物“雷姆尔”原来生活在马达加斯加，但在远隔大洋的非洲、印度、马来半岛也能见到。

据此，他断定，马达加斯加与印度之间的“陆桥”直到新生代（哺乳类动物的时代）依然存在，而且，他还认为沉没的大陆很可能就是人类文明的发祥地。

英国动物学家菲利普·斯科雷特在赫凯尔研究成果的基础上，提议将这个消逝的“陆桥”命名为“雷姆里亚”。

德国地球物理学家、气象学家阿尔弗雷德·魏格勒（1880～1930）于1912年提出了著名的“大陆漂移学说”。他认为大陆和海洋分别由质地不同的花岗岩和玄武岩构成，因此在很长一段地质年代里，大陆一直在海洋上漂移，不断发生分离、结合，从而形成今天地球表面陆地与海洋的分布状况。

魏格勒认为，在古生代，大陆是一个整体，名叫“潘加阿大陆”；中生代（恐龙时代）发生漂移；新生代第四纪冰川来临时，发生分裂。假如

魏格勒的论点成立的话，那么分离的陆地之间分布着不同的生物也就不难理解了，“陆桥”——雷姆里亚大陆根本就不可能存在了。

然而，文献资料和神话故事对消逝大陆的描绘却令人深信不疑。

公元前1世纪的希腊历史学家提奥多罗斯，记载了一个名叫伊安比罗斯的商人漂泊到南方大洋中一块陆地上的奇特而又曲折的经历。

这个商人途经阿拉伯，前往“香料之国”。不料，途中被海盗抓去，带到埃塞俄比亚。他与另外一个囚徒偷偷地准备了6个月的干粮，驾着轻舟逃离虎口，向南行进，在海上漂流4个月后，被海风吹到一座岛上。

这座岛周长约900千米，气候四季如秋。居民的体形奇特，但并不丑陋，他们性格敦厚，知识丰富，精通占星术，使用独特的拼音字母，在圆柱上写有文字，人均寿命达150岁，无贫富差别，男女平等。岛上生长着一种苇草，果实可以吃，还有温泉、冷泉，赋予人类健康和长寿。岛的周围海中有7座小岛，亦有居民居住。

这个商人在岛上生活了7年，最后辗转印度、波斯（今伊朗）返回希腊。

这则故事自然会使人联想到柏拉图笔下的“乐园”——亚特兰蒂斯，同时，也使人联想到英国作家丹尼尔·笛福在《鲁宾逊漂流记》中描写的鲁宾逊的奇特经历，可以食用的苇草可能指的就是稻米。

提奥多罗斯还记载了东方理想国——播海伊亚。这是一个与阿拉伯进行香料和药品交易的国度，有7座城市，最大的是帕拉那。城中有一座富丽堂皇的大神庙，景致优美，树木、草地、花园、水流融为一体，相映成趣，可爱的小鸟嘤嘤鸣叫，大象、狮子、豹等动物一应俱全。居民尚武，普遍使用两轮马拉的战车。

居民分为三个阶层，即祭司与手工业者、农夫、士兵与牧民，祭司权势炙人，生活奢华。每年岛民选出三人共同治理国家，实行“三头政治”。居民个人拥有的财产通常是房屋和庭院。一般居民普遍穿羊毛衣服，男女均佩戴黄金饰品，贵重金属矿产丰富，但不准携带出境。

阿拉伯地理学家们认为岛的周长将近5000千米。据4000年前的埃及王国时期纸草文献记载，漂泊到岛上的船员们，在世外桃源般的岛上开始生活后，这座岛屿的统治者——大蛇便出来劝告道：“这座岛屿不久即将沉没。”

希腊人从远古时代起，一直称呼传说中消逝的大陆居民为“普利塞利里特人”，据说这个大陆气候宜人，土地肥沃，人丁兴旺，后来因为触犯神灵而沉入大洋底部。

斯特拉波、普利里乌斯等古希腊罗马学家均写过东方大洋中的大岛“塔普罗巴赖”的事情。

古代泰米尔族历史学家们对自己祖先的发祥地进行考察后坚信，在遥远的古代，祖先们生活在位于赤道附近一座名叫“纳瓦拉姆”大岛的南部，大陆的首都“南马德拉”后来沉入印度洋海底。

泰米尔族使用的语言是泰米尔语，迄今在印度次大陆南端马德拉斯邦、斯里兰卡等地仍在使用。这种语言是南亚德拉维亚语系中远古时期最为发达的一种书面语。这一系列的文献记载和神话传说都说明印度洋中曾经存在过一个鲜为人知的“雷姆里亚大陆”。需要指出的是，雷姆里亚大陆对神秘主义者来说更有特殊的魅力。

19 世纪末，俄罗斯出生的埃雷娜·布拉巴斯基女士在神秘主义的进化论中将雷姆里亚人也列入其中。她认为地球 17 个始祖之中，第三个出现的是雷姆里亚人，他们雌雄同体，卵生，像猿人一样，有的有四只手，有的脑后长着一只眼睛。

英国神学家斯科特·埃里奥特认为，广阔的南方大陆雷姆里亚是中生代繁荣的大陆，恐龙等爬虫类动物悠闲地生存。陆上是巨大的恐龙漫游，空中是翼龙飞舞，水里是鱼龙出没。雷姆里亚人智力低下，富有原始性，身高 4.5 米左右，肌肤褐色，口鼻突出，小眼，眼眶距离较大，不仅能看到前方，还能看到侧面。他们没有前额，头的后部长着一只眼睛，四肢长而弯曲，手足巨大。穿着爬虫类的皮衣，手持木枪，牵着驯服的恐龙……

对于雷姆里亚大陆进行最系统探讨的是刘易斯·斯潘斯。他在《雷姆里亚问题》的专著中提出了两个雷姆里亚大陆的假说。

其一是从印度洋横向延伸到太平洋；另一个是同样的起点从印度洋倾斜延伸到太平洋。

他发现大洋洲民族在人类学上和地理上的分布是一致的。密克罗尼西亚分布着印度尼西亚人种，夏威夷、波利尼西亚和新西兰分布着波利尼西亚人种；所罗门、斐济分布着美拉尼西亚人种。他认为，这种分布意味着雷姆里亚大陆并不是一个独立的整体，而是由两块夹着狭窄海沟的陆地构成，一块陆地包含新喀里多尼亚、苏门答腊岛等；另一块陆地包含夏威夷群岛、新西兰岛、萨摩亚群岛、社会群岛等。

斯潘斯的雷姆里亚大陆说，与麦克米兰·布朗提出的太平洋姆大陆说既相重复，又相矛盾，尤其是在居民问题上存在严重分歧。布朗认为，现在的大洋洲居民大部分定居了10万年以上；而斯潘斯则认为，太平洋地区，至少太平洋东部曾经生活过金发白皮肤的先民，并不都是棕色人种。布朗和斯潘斯均认为，古大陆的毁灭是由于地球内部剧烈变化引起的，但是布朗认为，古大陆的毁灭是急剧的、转瞬即逝的；斯潘斯认为，古大陆是随着地震、海啸、火山喷发等一系列自然灾害而缓慢沉没的。

斯潘斯认为，雷姆里亚大陆的原始居民是白种人，拥有高度发达的石器文明。众多岛屿上遗留下来的石建筑便是最好的说明。

至于这个大陆居民的去向，斯潘斯认为，雷姆里亚大陆沉没后，这个民族经过亚洲，移居到欧洲，残留下来的人们在恶劣的条件下逐渐退化。此后，波利尼西亚、密克罗尼西亚、美拉尼西亚的居民的祖先相继来到这里，与雷姆里亚大陆的居民融合……

最近，苏联语言学博士、地理学会员亚历山大·孔德拉特夫（1937~）在其著作《三个大陆的秘密》中，从语言学角度探讨了南亚德拉维达语系与雷姆里亚大陆的关系。通过将印度文明中代表性的遗址摩亨佐·达罗、哈拉帕出土的印章和护符中的象形文字输入电脑，与其他地区的语言进行比较后发现，它们吸收了苏美尔人的语言，与德拉维达语最为接近。因此他认为印度文明与苏美尔文明起源于同一个文明，而这个更为古老的文明已伴随着雷姆里亚大陆的消失而烟消云散。

尽管雷姆里亚这一名称在19世纪即已出现，但是对印度洋的正式调查则始于20世纪60年代。

1968年，美国斯库里普斯海洋研究所对印度洋中央海岭进行了科学调查，发现大西洋底有四条南北走向的大海岭，其中两条大海岭今天仍在不断增大。活跃的海岭与不活跃的海岭为何能同在一个大洋底部呢？人们至今仍无法解开其中的奥秘。

马达加斯加岛、塞舌尔群岛，以及澳大利亚西部的布罗肯海岭作为古大陆的一部分，是怎样从周围的大陆中分离开来的呢？这还是一个至今未破的悬案。

科学调查结果表明，对印度洋底部地形最为复杂的西北部马斯卡林海域进行钻孔地质调查，发现这一带海底下沉了一千几百米，这是在数千万年的地质年代里发生的。

根据板块构造理论，喜马拉雅山与印度洋是由于共同的成因形成的，由于印度板块向正北方向移动约5000千米，与亚洲板块相撞，形成巨大的喜马拉雅山。那么，在这个具有划时代意义的变革中，雷姆里亚大陆沉浮如何呢？据考察，这个变动发生的年代至少可以追溯到距今4500万年前。

最新调查结果表明，印度洋海底地壳活动频繁，有些部分持续下沉，有些部分在不断增长。这些缓慢然而不断的变化是否可以作为雷姆里亚大陆曾经存在的一个有力证据呢？

人类文明起源于南极

人类文明究竟起源于哪里呢？对于科学家们而言，这是一个格外令人难解的问题。

1959年底到1960年初，美国的哈普古德教授利用圣诞节假期，在华盛顿的美国国会图书馆参考室查阅有关南极洲的资料。一连好几个星期，他废寝忘食，埋首在成堆的古代地图中，展开搜寻的工作。在日记中，他这样写道——我找到很多做梦也没有想到会找到的东西，十分有趣。我还找到一些描绘南方大陆的地图。有一天我打开一本地图集，翻到某一页，眼睛蓦地一亮，整个人顿时呆住了——那是奥伦据乌斯·费纳乌斯在1531

年绘制的世界地图。我瞅着这幅地图下方的南半球，心里想：我终于找到了真正可靠的南极洲地图。

地图上的南极洲，整体形状和轮廓与现代地图所呈现的这块大陆像极了。南极的位置靠近大陆中央，和现代地图显示的相去不远。环绕海岸的山脉，使人联想到最近几年在南极洲发现的诸多山脉。

显然，这幅地图并不是某个人一时异想天开，凭空捏造出来的。地图上的山脉形状不一，各有各的独特轮廓，有些靠近海岸，有些位于内陆。河流发源自这些山脉，蜿蜒流向大海，每一条河流都依循看起来非常自然、非常可信的排水模式。这显示，南极洲最早的地图绘成时，这块大陆的海岸犹未被冰雪覆盖。然而，地图上所呈现的南极洲内陆，却完全不见河川和山脉的踪影，这意味内陆地区完全被冰雪覆盖。

哈普古德教授和麻省理工学院的李察·史崔臣博士在检视这幅地图后，做出了以下结论：

（1）费纳乌斯的地图是依据更早的几幅原始地图绘制成的，而后者是根据几种不同的投影法绘成。

（2）它确实显示了南极洲海岸地区被冰雪覆盖前的景况，尤其是穆德后地、恩德比地、维克斯地和位于罗斯海东岸的维多利亚地以及马利伯德地。

（3）如同皮瑞·雷斯地图所显示的，费纳乌斯地图所呈现的南极洲，在一般形貌和地理特征上，都跟现代科学家对“冰层下”的南极地面进行地震调查后所绘制的地图颇为吻合。

哈普古德教授认为，费纳乌斯地图显然证实了“一个耸人听闻的看法：被冰雪完全覆盖之前，南极洲曾被人类探访，甚至定居过。果真如此，这件事一定发生在很久很久以前……

费纳乌斯地图显示，最初绘制南极洲地图的人，是生活在极为古远的时代，那时正是北半球最后一个冰川期结束的时候。”

费纳乌斯地图所描绘的南极洲罗斯海，是支持上述观点的进一步证据。南极洲大冰河，诸如毕尔德摩尔和史考特，今天的出海口都覆盖着冰层，但这幅绘于 1531 年的地图却显示，这个地区散布着港湾和河川，这些地形上的特征足以证明，费纳乌斯使用的原始地图当初制作时，罗斯海和它的海岸还没有被冰层覆盖。“为了提供这些河川必要的水源，海岸后方必定有一个不被冰封的辽阔腹地。今天，这些海岸和腹地全都埋藏在1.6千米厚的冰层下，而罗斯海本身，则终年漂浮着数百米厚的冰块。”

罗斯海的变迁充分显示，漫长的无冰时期在公元前4000年结束之前，南极大陆曾被一个神秘的文明勘探过，并且绘制成地图。

这个论点还有另一个证据，那就是1949年“伯德南极探险队”使用空心筒，在罗斯海海底捞起沉淀物。这些沉淀物分为许多层，区隔十分清楚，反映不同时期中不同的环境状态，诸如“粗冰海层”“中冰海层”“细冰海层”等等。最令人惊异的发现是：“其中好几层是由细密精致的沉淀物组成，而这些沉淀物似乎是从温带（无冰）地区，经由河川口进人海洋的。”

如果华盛顿卡内基研究所的研究人员使用马瑞博士发明的一种年代鉴定法，检视在海水中发现的三种不同的放射性元素，就会发现，大约6000年前，携带细密精致的沉淀物入海的河川，确实曾经存在于南极大陆，一如费纳乌斯地图显示的。直到公元前4000年之后，“冰河式的沉淀物才开始堆聚在罗斯海海床上……其下的核心沉淀物显示，在公元前4000年之前，南极地区曾经享有很长一段时期的温暖气候。”

费纳乌斯的地图让我们瞥见了历史上没有一个制图家看见过的南极洲。当然，光凭一幅地图并不足以说服我们：一个已经消失的文明曾经在南极大陆留下踪迹。可是，如果有五六幅类似的地图摊在我们眼前，我们是否还能等闲视之？

譬如说，我们是否还能睁一眼闭一眼，继续漠视16世纪最有名的制图家吉拉德·克雷摩绘制的一些地图中所蕴含的历史意义？要知道，他发明的“麦卡脱式投影法”，至今仍应用在大部分世界地图上。据说这个谜样的人物（1563年，他突然造访埃及的大金字塔，行踪十分诡秘）“一生孜孜于探寻……古人的学问”，并且花了很多时间搜集古代地图，为自己建立一座庞大的包罗万象的参考图书馆。

值得注意的是，1569年，麦卡脱编制地图集，将费纳乌斯的地图搜罗进去。同年，在他亲手制作的地图中，也描绘了南极洲这块大陆。这些地图呈现的南极地区（当时犹未被欧洲人发现），可供辨认的包括：位于马利伯德地的达特岬和赫拉契岬、亚孟森海、艾尔斯华斯地的瑟斯顿岛、白令豪生海的佛雷契群岛、亚历山大一世岛、南极半岛、威德尔海、诺维吉亚岬、穆德后地的雷吉拉山脉群岛、穆里格一霍夫曼山脉群岛、哈拉德王子海岸、施雷西冰河在哈拉德王子海岸的人口、卢特性一霍姆湾的帕达岛以及思德比地的欧雷夫王子海岸。哈普古德教授指出："这些地理特征，有些比费纳乌斯地图上描绘的还要清晰。显然，麦卡脱手头掌握的一些原始地图，是费纳乌斯未曾使用过的。"

不过，值得一提的又何止麦卡脱一人呢？

18 世纪法国地理学家菲立比·布雅舍，早在南极大陆被正式"发现"之前，就已经绘制出一幅南极地图。最不寻常的是，这幅地图显示，它使用的蓝本似乎是年代更为久远的一些地图——比费纳乌斯和麦卡脱使用的蓝本地图也许早上数千年。布雅舍地图呈现的是南极洲被冰层覆盖前的真实面貌。它揭露了如今已被冰封的整个南极大陆的地形，而这种地形，直到 1958 年"国际地球物理年"，科学家对南极展开全面性的地质调查后我们才略有所知。

这项调查证实了布雅舍于 1737 年出版南极地图时所提出的看法。以古老地图（现已遗失）为依据，这位法国地理学家画出一条明显的水道，将南极洲分成东、西两块大陆，而中间的分界线就是今天的"南极洲纵贯山脉"。

如果南极洲不被冰层覆盖，这条连接罗斯海、威德尔海和白令豪生海的水道就确实有可能存在。正如 1958 年"国际地球物理年"的调查所显示的，南极大陆（在现代地图上，它是一块连绵不绝的陆地）是由一个庞大的群岛组成，而这些矗立在海面上的岛屿，彼此之间阻隔着厚达 1.6 千米的冰块。

许多正统地质学家认为，在冰封的南极盆地出现水道，最后一次是在数百万年前。从正统学术观点来看，在如此古远的时代，人类根本还没有演化完成，更不必说具有测绘南极大陆的能力。然而，布雅舍的地图和

“国际地球物理年”的调查却显示，在冰封之前，这块大陆确实曾被测绘过。这一来，科学家们就得面对两个互相矛盾的观点而无所适从。

那么，到底哪一个观点正确呢？

如果我们赞同正统地质学家的观点，认为南极最后一次处于无冰状态是在数百万年前，那么，我们就得将达尔文以来的科学家所搜集的人类进化证据一举推翻掉。情况可能不是如此，因为化石记录很清楚地显示，几百万年前，人类的祖先还没有“进化”；他们只是一群额头低垂、行动笨拙的“类人猿”，根本没有能力从事先进的智能活动，诸如绘制地图。

难道说，真有一群外星人出现在那个时候，乘坐宇宙飞船绕行地球，对还未被冰层覆盖的南极洲进行勘探，绘成一幅幅先进、精密的地图？

或者，我们是不是应该重新考虑哈普古德提出的“地壳移置”理论，承认南极大陆在 15 000 年前确实曾经处于无冰状态，一如布雅舍的地图所描绘的？

有没有可能，一个高度发达、足以测绘南极大陆的人类文明，在公元前 13000 年左右曾经出现在地球上，然后忽然消失？若有这个可能，那么，这个文明是在什么时候消失的呢？

纵观费纳乌斯、麦卡脱和布雅舍的地图，我们不得不承认，在持续好几千年的一段时间中，南极洲可能一再被勘探测绘过，而这期间，冰层逐渐从南极内陆向外扩散，直到公元前 4000 年左右，才将南极大陆所有的海岸吞没。皮瑞·雷斯和麦卡脱所依据的蓝本地图，极可能是在这个时期的末端，冰层逼近南极海岸时绘制成的；费纳乌斯的蓝本地图，显然更为古老，当时冰层只存在于南极内陆；布雅舍使用的原始地图，甚至更为古旧（可能绘制于公元前 13000 年左右），当时整个南极大陆犹未被冰层覆盖。

从公元前 13000 年到公元前 4000 年这段时期，地球上其他地区有没有被勘探，并且精确地绘制成地图？在皮瑞·雷斯地图上，我们也许可以找到答案。这幅地图蕴含的奥秘，不仅仅南极洲而已：

（1）绘于 1513 年的皮瑞·雷斯地图，却相当完整地呈现出南美洲的地形，令人惊异。它不但描绘出南美洲的东海岸，也勾勒出西部的安第斯山脉，而当时的欧洲人根本还不晓得有这座山存在。皮瑞·雷斯地图正确地显示，亚马孙河发源于这座尚未被欧洲人探测过的山脉，向东流入大海。

（2）依据20多份不同年代原始文件绘制成的皮瑞·雷斯地图，两次描绘亚马孙河（最可能的原因是，皮瑞·雷斯一时疏忽，重叠使用两份不同的原始文件）。第一次描绘时，皮瑞·雷斯将亚马孙河流经的路线一直画到帕拉河河口，但是，重要的岛屿玛拉荷却未出现。

从哈普古德教授的观点看来，这就显示，皮瑞·雷斯依据的原始文件可能具有15 000年历史，当时帕拉河是亚马孙河主要或唯一的人海口，而玛拉荷岛是亚马孙河北岸陆地的一部分。第二次描绘亚马孙河时，玛拉荷岛却出现在地图上，而且画得颇为精细，尽管直到1543年这座岛屿才被欧洲人发现。这使我们不能不怀疑，地球上曾经出现一个神秘的文明，在好几千年的漫长时期中，对改变中的地球面貌持续进行勘探和测绘，而皮瑞·雷斯使用的不同年代的蓝本地图，正是这个文明遗留下来的文件。

（3）位于今天委内瑞拉境内的奥利诺科河和它的三角洲，并未出现在皮瑞·雷斯地图上。但是，哈普古德教授指出，这幅地图显示：“两个入海口一直延伸到内陆（纵深达320千米左右），位置就在今天的奥利诺科河附近。地图上的经线和今天奥利诺科河的方位相符，而纬线也大抵无误。这是否显示，皮瑞·雷斯使用的原始地图绘成后，这两个入海口就被泥沙淤塞，三角洲也日益扩大？”

（4）直到1592年，马尔维纳斯群岛才被欧洲人发现，但它却出现在1513年的地图上，纬度正确无误。

（5）皮瑞·雷斯依据古老的图籍，描绘出了一座位于南美洲东边大西洋中今天已不复存在的大岛。这座“想象”的岛屿，刚好坐落在赤道北边大西洋中部的海底山脊上，距离巴西东海岸1120千米，而今天这儿有两座名为圣彼得和圣保罗的礁石突出在水面上。难道这只是纯粹的巧合吗？有没有可能，这幅原始地图是在最后一个冰期绘成的呢？那时的海平面比现在低得多，足以让一座大岛出现在这个地点。

神秘的南极大陆，你蕴藏的种种谜团到底何时方能真正地解开呢？

让人困惑的海火

1975年9月12日傍晚，江苏省近海朗家沙一带海面上发出微微的光亮，随着波浪的起伏跳跃，像燃烧的火焰那样翻腾不息，一直到天亮才逐渐消失。第二天傍晚，亮光再现，亮度更强。到第七天，海面上涌现出很多泡沫，当渔船驶过时，激起的水流明亮异常，水中还有珍珠般闪闪发光的颗粒。几小时以后，这里发生了一次地震。

这种海水发光现象被人们称为“海火”。海火常常出现在地震或海啸前后。1976年7月28日唐山大地震的前一天晚上，秦皇岛、北戴河一带的海面上也有这种发光现象。

早在1933年3月3日凌晨，日本三陆海啸发生时，人们看到了更奇异的海火。波浪涌进时，浪头底下出现三四个像草帽般的圆形发光物，横排着前进，色泽青紫，光亮可以使人看到随波逐流的破船碎块。

海火是怎样产生的呢？一般认为是水里会发光的生物受到扰动而发光所致。如拉丁美洲大巴哈马岛的“火湖”由于繁殖着大量会发光的甲藻，每当夜晚，便会看到随着船桨的摆动，激起万点“火光”。现在已知会发光的生物种类还有许多细菌和放射性虫、水螅、水母、鞭毛虫，以及一些甲壳类、多毛类等小动物。因此，人们推测，当海水受到地震或海啸的剧烈震荡时，便会刺激这些生物，使其发出异常的光亮。

然而，另一些研究者对此持有异议。他们提出，在狂风大浪的夜晚，海水也同样受到激烈的扰动，为什么却没有刺激这些发光生物，使之产生海火？他们认为海火是一种与地面上的“地光”相类似的发光现象。

不久前，美国学家对圆柱形的花岗岩、玄武岩、煤、大理岩等多种岩石样品进行破裂试验。结果发现，当压力足够大时，这些样品便会爆炸性地碎裂，并在几毫秒内释放出一股电子流，激发周围的气体分子发出微弱的光亮。在实验中，他们还注意到，如果把样品放在水中，则碎裂时产生的电子流，也能使水面发出亮光。

不过，在海啸发生时，不像地震那样会发生大量的岩石爆裂（当然地震、海啸除外）。那么，海火又是怎样产生的呢？

一些人认为，海火作为一种复杂的自然现象，很可能有着多种成因机制，生物发光和岩石爆裂发光只是其中的两种可能机制。由不同机制产生的海火，有着什么不同的特征，目前尚是一道未解的谜题。

古玛雅人的水下世界

日前，世界最有名的国际潜水科考小组之一——大不列颠·哥伦比亚潜水小组向媒体透露，他们的科考小组在墨西哥东南的尤卡旦半岛——历史上玛雅古国的所在地考察时，发现了一条结构复杂、洞穴相连的地下河流。据初步估计，该河流约有 300 多千米长，有可能是世界上最长的地下河流。

而更让他们目瞪口呆的是，在该地下河的最深处，潜水员们竟然发现了古代玛雅人砌成的炉灶、石桌以及陶器等物！人们不禁要问：难道古代玛雅人曾经在水底生活?!

据报道，该地下河离尤卡旦半岛地面表层约有 30 多米深的距离，它最早为世人所知是在 1998 年，该科考小组的成员从当地一个 1 米多宽的井口潜下水去，想了解这些位于丛林中的深井常年不干且水质清纯的秘密。

没想到下井后发现，该井竟然没有尽头，潜水员潜了足有 8000 米长，吃惊地发现井里面竟是一个无比宽广的“水底世界”——只见一条条错综复杂的地下通道，不知通往何方，一些形状古怪、不知姓名的水生物、小鱼、小虾等，同样好奇地在他这个陌生的访问者身边游来游去，轻啄着他的潜水服。

潜水员不敢走远，按捺住激动的心情潜回井口，报告了他的发现。科考小组当即决定，从欧洲运来最先进的设备考察这条神秘的地下河。科考小组的科学家们进一步研究后发现，该地下河在玛雅人的传说中早有记载，古玛雅人称之为“欧西贝哈”，意思就是“万水之源”。几个月后，一些总重达几千磅的最新测量设备、水下灯、高级潜水服、瓦斯车等，通过马背陆续运到了位于丛林深处的现场。

潜水员们立即全副武装开始了考察，由于地下河里地形错综复杂，刚开始时十分困难，有时仅仅为了勘探一个深不可测的凹穴，潜水员就得在水底熬上 12 个小时。

科学家们初步估计，该地下河至少有 320 千米长，尽管无数个通道像迷宫似的让潜水员们大伤脑筋，但地下河的总流向应该是个大三角形。水底洞穴的世界常常是个变幻莫测的黑暗迷宫，可能一不小心，也许某个人就再也不会回来了。

为了不至于迷路，潜水员们都随身带着一个线轴，一端系在入口处，一端拿在手上，每前进 3 米，就将线打上一个结。这样做既可以循线返回，又可以测量出前进了多少米。

潜水员除了测绘水下世界的地形外，还附带收集水下生物的样本。然而不久前的一次发现，使该科考具有了全新的意义。

随着探测的深入，潜水员越走越远，在快到地下河的一半深处时，他们中有人意外地发现了一些早期人类生活过的痕迹！潜水员陆续发现了一些保存完好的砌在石壁边上的炉灶、石器时代的石桌和其他一些古人类的遗迹。依据发现的遗物，科考小组的科学家们估计，大约在 9000 至 10 000 多年前，这些古代人曾经生活在这里！

此外，科考小组还发现了其他一些玛雅时期的东西，诸如破碎的陶器、玛雅人的遗骸等。面对这些意外发现，潜水员们动也没敢动它们一下，可以说他们十分震惊。玛雅文明已经够神秘，但他们怎么也不会想到，自己竟然会在 30 多米深的地下河里发现古代玛雅人砌下的炉灶、石凳等。所有的发现都被原封未动地保留在原来的地方，等待满怀疑惑的墨西哥国家人类和历史学会的考古学家们赶来，对这项惊人的发现做出解释。

美国佛州某大学一考古学教授认为——古代玛雅人能够在水底下生活，这种假设是不大可能的。在水底生活必须要有类似鱼类的鳃，就像科幻片《大西洋底来的人》中那样。但那仅仅是科幻，玛雅人的神秘仅仅在于他们的文明，譬如尤卡旦半岛他们所留下的大量寺庙和金字塔遗址，但他们的身体构造和今人没任何区别。他认为在水底发现古玛雅人的生活遗迹，应该从地质学的角度寻找原因。

他认为，在1万多年前，墨西哥尤卡旦半岛要远远高于现在的海平面，大气中的二氧化碳和雨水混合形成富含碳酸的地下河水，长年累月腐蚀并“雕琢”出了这些洞穴。

随着海平面继续降低，这些洞穴渐渐干燥起来，变得可以住人。随着冰期的结束，海平面又开始升高，这些干燥的洞穴又渐渐被水注满，古代人不得不离开洞穴到陆上生活，但他们居住时留下的遗迹却仍旧保存在那儿。洞穴和深井在玛雅人的宗教中占有相当重要的地位，他们将洞穴称为“西诺蒂”，意思就是“神的井”，他们把它看作到达阴间的“地狱走廊”，而不是人类居住的地方。

据报道，目前该科考小组已停止探测“万水之源”地下河，他们需要运来更加先进的潜水机器，以便使水下生态系统和古代遗迹尽可能不受到损害。他们将考察该地下河的剩余部分，彻底解开它深藏的秘密。

神秘的海底人

1958年，美国国家海洋学会的罗坦博士在大西洋4800米深的海底，拍摄到了一些类似人的奇妙足迹。

1963年，在波多黎各东面的海里，美国海军在进行潜艇作战演习时发现了一个“怪物”，它既不是鱼，也不是兽，而是一条带螺旋桨的“船”，在水深300米的海底游动，时速达280千米，其速度之快是人类现代科技所望尘莫及的。

1968年，美国迈阿密城的水下摄影师穆尼在海底看到一个怪异的动物：脸像猴子，脖子比人长4倍，眼睛像人但要大得多。当那动物看清摄影师后，就飞快地用腿部的“推进器”游开了。

1973年初，一个名叫丹·德尔莫尼的船长，在大西洋斯特里海湾发现水下有一条形似雪茄烟的“船”，全长40～50米，以110～130千米的时速航行。船长怕与它相撞，千方百计地躲着它航行，而它却很“大方”，直奔该船而来。船长惊魂未定，它却悄然而过。

时隔半年，北约和挪威的数十只军舰，在凯恩克斯纳海湾发现了一个被称为“幽灵潜艇”的水下怪物。用多种武器攻击，全无效应。当它浮出水面时，这么多舰上的无线电通讯、雷达和声呐全都失灵，它消失时才又恢复正常。

在西班牙沿岸采海带的工人反映，他们在海底见过一个庞大的透明圆顶建筑物，而在美洲大陆边缘的渔民和海员也说见过类似的东西。美国专家认为它不像是某种国防设施。那么，这又是谁的杰作呢？

联想起美国海军上校亨利在百慕大三角区水下360米处发现的金字塔，以及美国探险家特罗纳在巴哈马群岛海域发现的“比密里水下建筑”，有人认为这是海底人用于净化海水的设备，甚至还有人猜测，这是海底人用来发电的电磁网络。

难道，地球上真的有另外一种人存在？种种离奇的发现，不禁使人回想起发生在1938年的一件事：在爱沙尼亚的半明达海滩上，出现了一个“蛤蟆人”：鸡胸扁嘴、圆脑袋……当它发觉有人跟踪时，便一溜烟跳进波罗的海里，速度之快，使人几乎看不见它的双脚。

时隔半个世纪，在美国南卡罗来纳州比维尔市郊沼泽地区，多次出现一种半人半兽的“蜥蜴人”：身高达2米，有一对红眼睛，全身披满厚厚的绿色鳞甲，每只手仅3根手指，直立行走，力气过人，能轻易地掀翻汽车，跑起来比汽车还快。目击者说，它是上岸的海底人。

面对这些稀奇的水下智能动物，美国科学家认为，它们既能在“空气的海洋”里生活，又能在“海洋的空气”里生活，是古人类的另一分支。其理由是：人类起源于大海。

这是对达尔文得出的“人是由古代类人猿进化而来”的结论提出挑战了吗？

是的。法国著名医生米高尔·奥登进一步强调，他根据自己多年来对水与人类的关系的研究认为，人类的祖先很有可能是水中的某种灵长类而不是猿猴。作为这一论点的根据，奥登列举了人与猿猴之间的许多不同点，这些不同点大部分与水有关。

例如，猿猴厌恶水，而人类婴儿几乎一出生就能游泳，猿猴不会流泪，而海豚哺乳动物（比如儒艮，即“美人鱼”）有眼泪。

然而，持另一观点的人却认为，海底类人生物可能是另一支人类，因这些智能动物的科技水平已远远超过了陆上的人类，它们很可能是栖息于深水之中的特异外星人。因为在与我们接触过的四种类型的外星人中，最常见的是“类人怪物”。

“类人怪物”平均身高 3.5～4.5 米，头部特别大，有两只又圆又大却没瞳孔的眼睛，没有耳朵，鼻子也只有两个气孔，嘴部没有唇只有一条罅缝，无发无齿，手脚是带蹼的四趾掌。这些特征，与海兽何其相似。

据报道，1984 年 9 月，在西伯利亚奥比湾附近发生的飞碟坠落事件中，人们从现场救出 5 个“外星人”。他们个个浑身长满细细的鳞片，无嘴唇，身体其他部分同人类小孩相似。其中一个女性“外星人”生下的婴儿体重 1752 克，身高 0.5 米，上身鳞片很厚，头颅像蜥蜴，眼睛细小而黑，无鼻梁，但有一个鼻孔，肤色略显蓝色。

如果上述报道属实，那么就不难得出这些“外星人”与生活在海底的种族有关的结论。况且它们的智能也是人类远不及的。这些水下高智能生灵，很可能是外星人的某个种族。但这些海底的类人生物究竟是什么，还有待于科学家为人们揭开谜底。

四、失落的沉船与神秘的岛屿

希腊海岛怪事

在希腊西法罗尼亚岛上，每年8月6日至15日，数以千计的毒蛇从山崖树洞里爬出来，纷纷向海岛上两座教堂爬去。它们盘结在教堂的圣像下面，逗留10天左右，然后悄悄地离去，直到翌年同样的时间又再次回到这里。

这是一些有剧毒的蛇，不过它们出现在教堂的那段时间从不伤害人。令人惊奇的是，毒蛇每年一次出现的时间，正与希腊重要的宗教节日相同。8月6日是希腊人纪念上帝的节日，8月15日是纪念圣女的日子。更使人惊奇的是，这些毒蛇的头上，都有个像十字架形状的记号。

传说在许多年前，一群海盗劫掠西法罗尼亚岛，并且把岛上24名修女禁锢起来。手无寸铁的修女无力抵抗，任凭海盗侮辱。圣母得知这一情况，就把24各修女变成蛇，等海盗来到时，发现修女院空无一人，只有24条蛇。

从此，每逢8月6日到15日，毒蛇必然来临。海岛上一位老神父说："这件事确实无法解释，我亲眼见到那些毒蛇爬到教堂，它们自动往圣母像爬去，盘结在圣像下，动作一致。"毒蛇在教堂盘结的10天之内，数以千计的居民涌到这里，他们有的是看奇景，有的甚至用手摸它们，相信毒蛇有驱邪治病的神力。一位妇女说："我一直为神经官能症所苦恼，没有找到特效药，但是当我碰到这些蛇的时候，立即舒服起来。"一些妇女把蛇放在自己臂上，让蛇在自己头上及身上缠绕，一边很高兴地说："看，它正在给我治病。"每年一到8月6日，西法罗尼亚海岛的居民就雀跃起来，这对岛民来说，无疑是一个盛大节日的开始。人们一早就聚在教堂前的一块岩石附近。教堂钟声一响，蛇就从各方爬来，直奔教堂。

许多居民还把毒蛇出现的数目与对上帝的虔诚联系起来，毒蛇越多，表示上帝越知道他们的诚心，毒蛇出现少，则表明他们的虔诚还不够。

这种奇迹性的事件在这个海岛上延续了几百年。近来，由于传播媒介发达，很多国家的人都知道了。于是每年到了这段日子，不少观光客就闻风而至，希望一睹这个奇迹，并把这桩怪事传布开来。

不过，真正的原因依然没有人知道。

鱼雷不沉之谜

鱼雷，是一种可以自行推进、自行控制方向和自行控制深度的水中兵器。鱼雷的形状就像一根大圆柱子，头部装着引信和炸药，中部装着燃料和动力装置等，尾部装着推动器。作战的时候，潜艇和水面舰船用鱼雷发射管把鱼雷发射或投掷出去，以摧毁敌船在水中的部分。鱼雷使用的动力有两种，一种是热，另一种是电。鱼雷本身没有多大能源，航程一般都不会达到 4 万米。即使是最新式的鱼雷，航程也只有 4 万米。如果没有击中目标，鱼雷在跑完自己的航程以后，就会沉到海底或者自行爆炸。

有趣的是，在世界海战史上有一枚鱼雷，发射出去以后没有击中目标，却没有沉到海底，也没有自行爆炸，而是在茫茫大海上航行了 50 多年。

事情的经过是这样的：

第一次世界大战的时候，1916 年 5 月 31 日，英国舰队和德国舰队在日德兰半岛附近的北海海面上进行了一场激烈的海战，这就是世界海战史上著名的“日德兰海战”。

20 世纪初的时候，欧洲的军事强国英国和德国，为了保持和夺取海上霸权的地位，争着抢着建造大、中型战舰，增强海军实力。而且，这两个军事强国的战列舰越造越大，战舰的装甲越来越厚，大炮的口径也越来越粗。到了第一次世界大战爆发的时候，两国的海军实力分别居于世界第一位和第二位。大战的头一年，英国海军和德国海军经过几次交战，德国舰队吃了不少亏，水面上的战舰不敢远离海岸。1916 年 4 月，德国海军的大洋舰队司令冯·舍尔海军上将费尽脑汁制定了一个引诱歼灭英国主力舰队的作战计划。

没想到，德国的这个作战计划和行动部署被英国的情报部门从无线电里给截获了。1916 年 5 月 30 日，一份份军事密报送到了英国海军司令约翰·杰利克的手里。杰利克经过一阵严密思索，决定将计就计，也采用了引诱歼灭的办法，集中主力舰队去迎战德国的大洋舰队。这么一来，英国和德国的战术都是派出一支诱敌舰队，把整个舰队的主力埋伏在伏击圈里准备消灭对方。

英国海军司令杰利克让一个名叫贝蒂的海军中将担任了诱敌舰队的司令官。英国的诱敌舰队由第一战列巡洋舰队、第二战列巡洋舰队和第五战列巡洋舰队组成，第五战列舰队的战舰有 4 艘，都是当时世界上最大的“伊丽莎白女皇”级战列舰。这种海上巨舰，每一艘上都有 8 门 381 毫米口径的大炮，可以把 25 000 米远的敌舰炸成粉末。德国诱敌舰队的司令官是希佩尔，他的战舰都是德国海军最优秀的清一色的“无畏”级和超无畏级战列巡洋舰，这种战列舰跟“伊丽莎白女皇”级战列舰一样厉害。

1916 年 5 月 30 日晚，贝蒂带领着英国的诱敌舰队，趁着茫茫的黑夜出发了，第一、二战列舰队熄灭了灯光先走一步，第五战列舰队随后悄悄地跟在后边。同时，英国海军司令杰利克率领着英国主力舰队开往伏击地点。这时候，德国的诱敌舰队司令官希佩尔也带领诱敌舰队出发了，开往日德兰半岛海岸。德国海军司令舍尔率领着德国主力舰队朝着伏击地点起航了。5 月 31 日下午 2 时的时候，英国和德国的诱敌舰队都开到了日德兰西北部的海面上，相隔的距离只有 50 多千米，可谁也没有发现谁。几分钟以后，贝蒂和希佩尔才互相发现对方的舰队。

下午 2 时 40 分的时候，双方的舰队进入了大炮的射程，日德兰的海面上立刻响起了“轰隆隆”的炮声，可是谁也没有打中谁，只是把海水炸得好像开了锅一样。贝蒂跟希佩尔两人遭遇以后，各自向自己的诱敌舰队发出了命令：“战列巡洋舰全速前进，战列舰紧紧相随，注意和主力舰队保持密切联络。”希佩尔看到贝蒂以后，就按照舍尔的计划，指挥自己的诱敌舰队一边开炮，一边向自己的主力舰队退去。贝蒂的舰队随后紧紧追赶。

第一次世界大战开始以后，德国海军的重型战舰采用了新式的全舰统一方位射击指挥系统，就是集中全部大炮，按照命令朝着敌人的一艘战舰一齐射击。这种战术的威力特别大。希佩尔率领着德国诱敌舰队走着走着，就一声令下，德国战舰朝着贝蒂的旗舰“雄狮”号一齐开火，一下子把“雄狮”号打中了。而且德国的“卢瑟福”号战舰的一发穿甲弹，一下子钻透了“雄狮”号中部的一个炮塔，在炮塔里边爆炸了，英国官兵死的死，伤的伤，损失惨重。更危险的是，猛烈的爆炸使得火药袋着起了大火，假如大火再往下烧，很快就会烧着弹药舱，使炮弹爆炸。这么一来，这艘“雄狮”号旗舰就会和贝蒂一起呼啸着飞上天，这实在是太危险了！

就在这危险的时刻，一个名字叫哈维的海军少校急忙想去救火。可是，他的两条腿已经被炸断了，身体上也负了好几处重伤。但是，哈维为了“雄狮”号，用手抓着甲板一点一点地往前爬去。最后，他终于爬到了弹药舱，使出全身的力气关死了弹药舱和火药袋舱的大铁门。接着，哈维又拼命地打开进水阀，放进了海水。就这样，哈维奋不顾身，用自己的生命，保住了“雄狮”号旗舰，可他却牺牲了。

下午4时20分的时候，德国诱敌舰队的“塞德利茨”号和“佛林格尔”号几个齐射，把英国的“玛丽女皇”号超无畏级战列舰击沉海底，1200多名英国官兵全部战死。“玛丽女皇”号沉入海底引起的巨大漩涡，差一点儿把赶来救援的英国驱逐舰“新西兰”号拖进深渊。

从战斗打响，到这时刚刚一个小时，英国诱敌舰队就被德国人击沉了两艘战列巡洋舰，摧毁了一艘战列巡洋舰，沉重地打击了英国士兵的情绪，只有贝蒂显得非常镇静。他漫不经心地说：“怎么搞的？这些该死的船，一下就损失了两条！”接着，贝蒂又发出战斗命令：“各舰注意！向德国人冲击！”可是，情况对英国诱敌舰队越来越不利，下午5时，德国诱敌舰队突然掉过头来，朝着英国诱敌舰队反扑了过来。英国诱敌舰队眼看就要招架不住了。

就在这千钧一发的时候，英国诱敌舰队当中的第五战列舰队赶到了战场。它们为什么来得这么晚呢？原来，当时德国的潜艇特别厉害，英国有很多战舰都是被潜艇消灭的，第五战列舰队害怕遇到德国人的潜艇袭击，不敢直着走，就一会儿往左、一会往右地航行，所以前进的速度很慢。现在，第五战列舰队赶到了，希佩尔放松了对贝蒂的进攻，让几艘驱逐舰对他发起了猛烈进攻。英国的驱逐舰一看，连忙迎了上去。双方的驱逐舰展开了搏斗。

英国的第五战列舰队投入战斗以后，德国诱敌舰队立刻受到了大口径火炮的威胁。希佩尔一看不好，指挥舰队开足马力朝着舍尔的主力舰队靠了过去。可他的“冯·德·塔恩”号和“塞德利茨”号战舰还是被第五战列舰队打伤了。不久，希佩尔的诱敌舰队和舍尔的主力舰队会合了。舍尔的主力舰队都是战列舰和巡洋舰，一共有70多艘。

贝蒂看到这种情况，非常高兴，心说：“这回诱歼德国主力舰队的机会来了！”于是，他用无线电向杰利克报告：“敌舰在东南方！”可贝蒂担心德国主力舰队不上钩，下午4时30分的时候，他命令所有的英国战舰一齐向舍尔发起了进攻。这时候，贝蒂的旗舰“雄狮”号经过艰苦抢修，已经能够继续战斗了。

英国海军司令杰利克接到贝蒂的报告以后，立刻命令海军少将胡德带领第三战列巡洋舰队抢先赶到了战场，他指挥别的舰队也全速前进。

下午6时左右，英国主力舰队发现了德国主力舰队。杰利克把手用力一挥，果断地下达了命令：“全部战舰向左排成舷侧单行，准备战斗！”

这时候，德国舰队司令舍尔不知道英国主力舰队就在他前边的海面上，继续指挥舰队一艘一艘地前进着，很快就进入了英国主力舰队的射击圈。这样，英国主力舰队从打出第一发炮弹起，只用了10分钟的时间就把德国的“吕措夫”战舰打得在海面不能动弹了，“维斯巴登”号和“S-35”号战舰被击沉。

舍尔一看大势不好，决定指挥舰队掉头逃跑。临跑以前，他命令所有战舰集中炮火齐射胡德指挥的第三战列巡洋舰队旗舰“无敌”号，雨点一样的炮弹过后，“无敌”号爆炸了，胡德和1000多名英国官兵断送了性命。

下午7时的时候，德国舰队司令舍尔带着舰队打算从英国舰队的后边撤回德国。可他的主意打错了，结果又碰上了英国战舰。舍尔只好不停地发着命令：“施放烟幕弹，各驱逐舰发射鱼雷！”一枚枚鱼雷跃入了大海，溅起一道道浪花，向英国舰队射去，可是全都没有射中。

天慢慢黑了，舍尔命令全体德国舰队：“航向东南，突破英国舰队封锁！”德国舰队立刻开始行动。英国舰队里的“鲁斯普斯”号战舰一看，连忙发射出了一枚鱼雷。这枚鱼雷的代号叫作“死神”号，其杀伤威力相当于10吨梯恩梯炸药。

“死神”号鱼雷发射出去以后，朝着一艘德国战舰冲了过去。没想到，它眼看就要击中那艘德国战舰的时候，却一转弯，溜走了。这时候，德国战舰上的德国官兵原本被冲过来的鱼雷吓呆了，心想：“完了，这回可完了。”等到他们看到那枚鱼雷溜走了，一下子清醒了过来，一边祈祷上帝保佑，一边疯狂地朝着英国战舰射击。

最后，德国舰队终于杀出一条血路。在激战中，德国的战列舰“波梅恩”号、轻巡洋舰“弗劳恩洛布”号和两艘驱逐舰被英国舰队击沉，英国舰队也有3艘战舰被德国舰队击沉。激烈的战斗一直进行到第二天早晨，双方才罢休。

日德兰海战终于结束了。在整个海战当中，德国击沉了英国第一流的战列巡洋舰3艘、巡洋舰3艘、驱逐舰8艘。英国击沉了德国2艘战列巡洋舰、4艘巡洋舰、4艘驱逐舰。打来打去，谁也没有达到消灭对方的目的。英国舰队的损失虽说比德国舰队大，可英国海军还有着强大的优势，所以还保持着海上控制权。

再说英国的那枚“死神”号鱼雷没有击中德国的战舰，就神秘地漂向大海深处。从那以后，它在大西洋海域里时隐时现，曾经好几次和德国潜艇打过照面，也和公海上的商船绕过圈子。

后来，两艘美国军舰在坦帕海湾堵住了“死神”号鱼雷，打算用反鱼雷装置把它击毁。可是，天公不作美，由于海面上狂风大作，雷雨加交，美国军舰虽然经过努力，最后还是让它逃出了包围圈，继续在大洋中到处游荡。美国军舰不甘心，不停地向“死神”号开炮射击。可是，美国官兵们除了看到海面上炸起的那一个个水柱，一直也没有听见鱼雷的引爆声。一个月以后，人们发现“死神”号鱼雷又出现在了委内瑞拉的海岸边，随后它又游过了巴拿马运河。

在1945年以前的30年当中，“死神”号鱼雷又漂到了太平洋海域。在太平洋海域里行驶的商船只要一发现它，立刻吓得赶紧改变航线，根本顾不上周围有没有什么暗礁。就这样，许多商船为了躲避它，不幸碰到了礁石上，造成了巨大的损失。

1946年8月的时候，“死神”号鱼雷突然出现在苏门答腊的海面上，美国军舰听到这个消息，急忙进行追踪。可是，他们把整个南太平洋全都搜遍了，也一直没有发现它的踪迹。

以后，“死神”号鱼雷又像幽灵一样在美洲海域冒了出来。当时，正好有一个瑞士的医生和新婚妻子度蜜月，他们在巴西的亚马孙河边上发现了“死神”号的身影，赶紧把它拍了下来。

60年代的时候，“死神”号鱼雷第二次“周游”世界各大洋，然后转向了内海，出入各个港湾。水兵和船员们听到这个消息，一个个吓得心神不定，生怕不知道什么时候会碰到它。

“死神”号鱼雷自从1916年开始，在世界各大洋漂荡了半个多世纪，人们估计它的航程已经达到了大约28万千米。奇怪的是，它一没有维修，二没有补给，那么它到底为什么能够漂荡这么长时间呢？它还要漂荡到什么时候才算个完呢？这些问题没有人能解答，只能是一个谜。

运宝沉船之谜

17世纪中叶，在古巴岛附近的锡尔伯海域发生过一起震惊世界的运宝船沉没事件，并演绎出一系列曲折的故事。锡尔伯海域位于古巴岛东南，加勒比海北部，是这一带最危险的暗礁区。水下几乎到处都是致命的珊瑚暗礁，并且年复一年地演绎着令人毛骨悚然的故事——风暴、海潮和沉船。很多西班牙船长都称这一地区为“忧郁之眼”或“向每个人张开眼睛的暗礁”。还有人把这一带称为欧洲最大的船只公墓。据海底勘查专家估计，有大量的西班牙运宝商船或因为航行技术不佳、或因遭遇狂风暴雨而触礁，还有的是被猛烈的海浪抛在了岩石或者珊瑚礁的尖角上。总之，他们都无一例外地静静躺在了水下珊瑚的迷宫里。

“努埃斯特拉”号是17世纪时西班牙在美洲新建的一支船队的旗舰。1641年7月底，“努埃斯特拉”号下海开始它的处女之航，经过第一站古巴的哈瓦那之后，被编入由总司令胡安·德坎波斯指挥的舰队。在31艘舰船的护卫下，这只西班牙运宝船开始向东航行。当“努埃斯特拉”号经过佛罗里达角和萨尔乌之间狭窄而纵横交错的珊瑚暗礁水道时，遭遇到强风暴，几十艘船只顷刻之间支离破碎，其中有的沉入海底，有的被卷入巨浪。而“努埃斯特拉”号由于桅杆被折断，船帆也被撕破，就只能在海面上随风漂移。

1641年11月2日，风雨交加，怒吼的海风和汹涌的巨浪把“努埃斯特拉”号推到了锡尔伯海域。船员们只听得珊瑚暗礁咔嚓咔嚓撞击着“努埃斯特拉”号的船底，还没等明白怎么回事，就被卷入冲天的巨浪之中，等从巨浪中颠簸出来，船已断成两截。万分惊愕中，绝大多数船员被抛人海底。有几个船员手疾眼快，赶紧逃到自制的木排上，漂流到露出海面的珊瑚礁石上，用木头搭建了一个平台，在上面靠仅有的一点储备艰难地忍耐了几个星期。但由于好多天没有见到一个人影，也没有救援的船只，他们只好自救。于是这些幸存者又把他们的小平台改造成一只小船，试图前往伊斯帕尼奥拉岛。然而，就在离岛不远处，小船被风浪卷人海底，整个小船上仅有奥塔维奥一人幸存。据奥塔维奥后来透露说，当时，“努埃斯特拉”号船上满载着秘鲁和墨西哥的金银、哥伦比亚的宝石及委内瑞拉的璀璨珍珠。

“努埃斯特拉”号沉没42年后，威廉·费布斯前往锡尔伯海滩去搜寻它的残骸，并成为300年来世界寻宝史上最幸运、最富有的人。

费布斯出生于英属北美殖民地一个清教徒家庭，是家里的第21个孩子。此人天生是个乐观派，尽管他从小没有受到良好的教育，却养成了对世间万物强烈的好奇心。多年以来，他一直向往着去探索海底的宝藏。1651年，他从缅因州来到印第安纳，然后又去了波士顿，靠做甲板上的建筑木工为生。长期的工作实践，使他成了造船的行家。有了一些积蓄以后，他造出了属于自己的第一艘独桅纵帆船——“波士顿之星”号，并自任船长出海航行。23 岁那年，他成了波士顿最年轻的船主兼船长。随后的 15 年间，他把自己的事业向加勒比海扩展，其主要业务就是向托尔图加和牙买加的海盗们提供存货和商品，在西班牙人和海盗之间扮演走私船长的角色并大发横财，一度垄断了西班牙与新大陆殖民地之间的贸易。

在一次去西印度群岛的航行中，费布斯无意中听到有关锡尔伯海域西班牙运宝船队沉没的故事，从此被“努埃斯特拉”号沉船所吸引。他当即决定去伦敦请求拜见英王查尔斯二世。幸运的是，查尔斯二世对他的计划非常支持，并成为他的资助人。同时，查尔斯二世还允许他租借海军的“阿尔及尔玫瑰”号快速驱逐舰以探险使用，这艘驱逐舰配备有 18 门火炮。

费布斯一向谨言慎行，包括这次的寻宝，尽管英国国王是资助人，他还是想尽量在秘密状态下进行。1683 年，费布斯率领他的手下悄无声息地出发了。为了防止太多人获知他的这次秘密行动，费布斯带领他的探宝船在驶向加勒比海的锡尔伯海域途中从不做长时间的停留。刚开始，因为他对 42 年前的“努埃斯特拉”号沉船地点和周边情况一无所知，就通过多方联系，把当年整个船上唯一的幸存者奥塔维奥请了过来当向导，向他了解情况。等他的探宝船快要到锡尔伯海域时，费布斯就把年老的向导奥塔维奥打发回了伊斯帕尼奥拉岛。因为费布斯十分清楚，参与的人越多，打捞出宝藏时他得到的越少。

然而，事实并非像他想象的那么简单。多少年过去了，锡尔伯海域依然到处密布着可怕的珊瑚暗礁。“努埃斯特拉”号残骸周围的境况比他预期的更加复杂。几周以来，海员们一直靠驱逐舰的舰载小艇来勘测海面下的地理环境。经过艰难搜寻，他们只发现了一块上面长满了珊瑚的银条，别的什么也没有找到。食物和饮用水却一天天减少。船员们开始抱怨，不想继续搜索下去了。费布斯不得不中断了这次海底探宝。

当他们回到伊斯帕尼奥拉岛后，得知老向导奥塔维奥已经去世，费布斯非常沮丧地继续驶往英国。等待着他的是一条坏消息：此时，他的资助人和最强有力的支持者英王查尔斯二世已经去世。而英国的继任者不但对他的探宝毫无兴趣，还指责他劳民伤财，并把这位痴迷的寻宝者送进了监狱。幸亏经过宫廷中权高位重的朋友帮助，费布斯总算获得自由。后来，通过宫廷重臣冯·阿尔伯马尔公爵求得英王的同意，费布斯才被允许继续探宝。但这一次他不但得不到英国皇家方面的资助，还必须答应英王王室的一个条件：一旦探宝成功，国王要求分得打捞出水的财物总价值的十分之一。

费布斯最大的特点是从不气馁，愈挫愈奋。他重新找了几位赞助者，并设法搞到两艘200吨的帆船。一艘名为“詹姆斯和玛丽”号的大帆船，排水量为200吨，配备2门火炮。一艘较小的“伦敦之亨利”号为多桅帆船，排水量为50吨，配备10门火炮。他重新组成了探险队，重返锡尔伯海域。

费布斯有着多年的经商经验。这一次，他满载着从各地筹集到的各式各样的交换物品驶向伊斯帕尼奥拉岛，因为当年的岛上有大批的海盗，费布斯带来的这些东西都是海盗们所急需的，他因此可以大赚一笔。

费布斯的计划是，一旦他这次探宝再度失败，就要靠卖掉这些货物获得的利润以弥补损失。他先甩出障眼法，把“詹姆斯和玛丽”号抛锚在普拉塔港（今属于多米尼加共和国），自己扮作一个和善又只想为赚钱而卖货的商人，在岛上与海盗们周旋。“伦敦之亨利”号则肩负着探宝的秘密使命，在罗格斯船长的带领下驶往锡尔伯海滩，去搜寻“努埃斯特拉”号的遗骸。

几个星期下来，罗格斯船长毫无所获。最后，这位身心疲惫的船长也想重蹈上次探险无功而返的后辙。将要撤退的前一天上午，在卡布隆角附近晶莹透彻的浅水中，他突然看见一颗光彩夺目的海鳃珊瑚，只见它在浅浅的海底时隐时现，似乎把罗格斯船长眼前的一大片海面都闪耀得五彩缤纷。罗格斯船长马上叫了一个潜水员下去采摘，他想把这个美丽的珊瑚作为礼物送给费布斯以作为这第二次探宝失败的留念。

没想到潜水员下去后，在这个珊瑚边突然发现了几门全身长满珊瑚的火炮，火炮位于水下10～15米深处。他马上把这个意外的发现上来告诉了罗格斯船长。船长一听，当即又让另外几个潜水员下去勘查。终于，“努埃斯特拉”号在大片大片珊瑚的簇拥中露出了她神秘的面容！

原来，40 多年以来，“努埃斯特拉”号一直夹在岩层中间，周身又被珊瑚缠绕覆盖着，静静地沉睡在加勒比海海底。

随后，罗格斯手下的潜水员们陆续从“努埃斯特拉”残骸中打捞出许多银条及大量的西班牙货币。当然他们知道这些东西并不重要，他们急于搜寻的还是当年“努埃斯特拉”号的幸存者奥塔维奥告诉他们说的船上那些价值连城的黄金、宝石和珍珠。然而，正当他们试图再度下海时，突然强风暴来临，“伦敦之亨利”号不得不全速逃往伊斯帕尼奥拉岛，向费布斯汇报探宝战绩。

当费布斯得知他的“伦敦之亨利”号已发现运宝沉船的消息后，立即指挥他的两艘事先已经检修过的、装满补给品的舰船驶往锡尔伯海域，于 1687 年 2 月 22 日抵达。

打捞工作从一开始就处处危机四伏，潜水员要想进入沉船遗骸的内部，每一次都必须用铁爪把甲板和船舱板使劲地撬开，才能挤进被珊瑚缠绕的船舷。此外，潜水员的氧气供给是通过很长的皮管来完成的，橡皮管与漂浮在海面的猪膀胱相连，把空气导入潜水帽。由于受到这种几近原始的通气方式限制，潜水员在水下就不能长时间停留。猪膀胱容积有限，里面的空气很快就会耗尽，以至于潜水员很快就都生了病，几天后有几个潜水员连连吐血。就是在这种条件下，他们还是坚持着下海，打捞出大量的金条和银条。

几个星期以来，费布斯一直日夜坚守在打捞现场。原来他所关注的还不是那些零散的金条和银条。因为，当年“努埃斯特拉”号运宝沉船的唯一幸存者老奥塔维奥曾向费布斯详细讲述过，1641 年 7 月底，总司令胡安·德坎波斯曾命令把一只价值连城的珠宝箱存放在“努埃斯特拉”号运宝船的最尾处，那只箱子里装满了专门为西班牙国王陛下准备的珠宝。令费布斯担忧的是，存放那只箱子的地方恰恰是沉船在海底的最深处。费布斯几次要求潜水员潜到残骸的最深处，但每次都遭遇失败。后来，费布斯派出最有经验的潜水员，让他们无论如何搜索到那个珠宝箱。然而，以 18 世纪的潜海技术来说，下潜到水下 10 ~ 15 米海底以下，简直是用生命来作赌注。最后，费布斯自己竟然要亲自下潜，去搜索那只珠宝箱。费布斯几次下潜，只要他一出海面，他的嘴里和鼻孔就会血流不止，显得十分吓人。

最终，费布斯和他的手下还果真找到了那只珠宝箱，并经过三天的艰苦奋战，终于把它从残骸中拖到了“詹姆斯和玛丽”号的甲板上。费布斯和船员用自带的斧头万般小心地打开了珠宝箱。用他们自己的话说：“我们像天使，走进了《一千零一夜》中的童话世界，眼前看见的都是晶莹的钻石、珍珠、绿宝石和红宝石，简直像是在做梦。”

费布斯的打捞工作从1687年2月22日开始到5月初风暴即将来临时结束。这期间，他仔细地把打捞出来的每一件珍宝都进行了极为严格的整理，并认真做了记录、图样和目录清单。

当费布斯的“詹姆斯和玛丽”号及“伦敦之亨利”号急速张帆，要离开锡尔伯海域时，没想到螳螂捕蝉黄雀在后，法国海盗船“格洛伊”号早已得知风声，企图夺走他们千辛万苦打捞出来的珍宝。“格洛伊”号海盗船是一艘配备有20门舰载火炮的双桅横帆帆船，此刻，它正虎视眈眈地跟着费布斯的两艘运宝船紧追不放。费布斯十分清楚，由于他的船上满载着宝藏，根本无法与海盗交战。他想尽一切办法争取逃脱出海盗的魔掌。夜半时分，等到海上明亮的月光隐没之时，费布斯突然下令关掉船上所有的光源。海盗船一时措手不及。这样，费布斯的“詹姆斯和玛丽”号与“伦敦之亨利”号才借着夜幕的掩护逃出锡尔伯海域，直接驶往英国。作为一个成功的寻宝者，费布斯在人们的欢呼声中重新返回了维特福德港。

费布斯打捞的宝藏到了英国后，交给了英国王室国库官员接管，经过国库官员严格的清点，费布斯和他手下的潜水员从“努埃斯特拉”号打捞出来的珍宝，相当于当时英国最富有的人的年收入总和。

按照协议，普通海员、随部军官每人都得到了他们应得的一份。而英国王室所获份额则达3万英镑之多，当年在危难关头毅然支持费布斯探宝的冯·阿尔伯马尔公爵更是获得其中的5万英镑。费布斯本人则分得大约将近2万英镑。

更大的喜事还在后面，费布斯可谓名利双收。由于他探宝成功，不但被英国国王于1692年任命为第一任马萨诸塞州的州长，还由于他在探宝中表现出来的坚韧、勇敢和机智而被加封为骑士，从此人们尊称他为“威廉阁下”。

费布斯探宝成功的消息在欧美广为流传，成为千家万户的美谈。他不仅刺激了海洋探险热和冒险精神，同时，在他之后，到加勒比海探宝在极短时间内形成一股不断高涨的风潮。在伦敦，沉船打捞公司为扩大企业的影响，曾经在泰晤士河由潜水员向市民们展示其技术。被打捞上来的财宝除分给赞助者、船员、潜水员之外，按惯例十分之一归皇室所有。

费布斯后来移居伦敦，于1695年44岁时死去。临死之前，他把他成功的探宝历程写成《恶魔及其海底秘话》一书。然而，令人感到困惑不解的是，费布斯自己在书中对他打捞珍宝的沉船残骸到底是不是西班牙的“努埃斯特拉”号运宝沉船提出质疑，并含糊其辞地指出，他的那次打捞“只不过是一种伪装了的海盗行为”！费布斯的书出版之后，他在书中的说法，马上引起世界各地寻宝者广泛的关注和各种各样的猜疑和联想。人们不禁疑惑，莫非他打捞的财宝根本不是来自“努埃斯特拉”号运宝船？假如不是，那真正的“努埃斯特拉”号是不是还在锡尔伯海域？沉船的宝藏是否还静静地沉睡在海底呢？

于是，在时光又过了将近300年之后，1968年，雅克·伊夫·库斯托萌生了前往锡尔伯海域探宝的念头，希望能找到“努埃斯特拉”号，那艘传说中的西班牙运宝大帆船。此人在寻宝界享有盛誉，是进行水下研究的知名先驱者和水下考古的开路先锋。1968年夏天，经过精心的准备，他乘坐“卡利普斯”号考察船前往锡尔伯海域，但最后只挖掘出一些几个世纪以前的商船遗骸，里面也没有他期望的金银珠宝，只发现一些诸如带柄的罐子、多棱角的酒瓶、火炮和炮弹、钉汤匙、盘子和锅、奖章和十字架等简单的生活用品。那么，费布斯打捞的财宝到底是不是来自“努埃斯特拉”号运宝沉船，假如不是，他的宝藏到底是从哪条船上打捞出来的？而真正的“努埃斯特拉”号船上的宝藏最终被发现了吗？

“黄金船队”之谜

1702年，由于西班牙财政状况日渐困窘，国王菲利普五世命令南美洲西班牙殖民当局把上缴和进贡的金银财宝用船火速送往西班牙塞维利亚。这样做是要冒很大风险的。这是因为，横渡大洋运送这批价值几百亿法郎的财宝必然要有一支引人注目的部队护航，而当时西班牙和英国正处在交战之中。尽管如此，17艘满载着从秘鲁和墨西哥掠夺来的金银珠宝的大帆船还是在1702年6月12日离开了哈瓦那，朝西班牙领海进发了。这就是西班牙历史上著名的“黄金船队”。

就在“黄金船队”即将驶过最后也是最危险的海域时，在亚速尔群岛的海面上，突然出现了一支庞大的英荷联合舰队。面对由150艘战舰组成的英荷联合舰队，“黄金船队”决定驶向维奇湾暂时躲避一下。

当时最简单的做法是立即把金银财宝从“黄金船队”上卸下来，改从陆路运往马德里。这样就不会出现多大问题了。可是当时西班牙当局规定，凡从南美运来的东西必须先到塞维利亚接受验收。因此，不能从“黄金船队”上卸下物品。不过在玛丽·德萨瓦皇后的特别命令下，国王和皇后的那部分金银珠宝还是卸了下来，从陆路运往马德里。

“黄金船队”在维奇湾平静地待了一个多月。10月21日，150艘英荷联合舰队在鲁克海军上将的指挥下，对维奇湾突然发起了攻击。三万名英荷士兵，在3115门大炮掩护下，很快就消灭了港湾沿岸的守军，摧毁了炮台和障碍栅。

据说，面对眼前的金银珠宝，英荷联军的战斗力骤然增强了十倍。不到几小时，西班牙军队就全线崩溃。“黄金船队”总司令贝拉斯科做出了一个绝望的决定，下令烧毁运载金银珠宝的大帆船。被焚烧的大帆船和其他被击中的战舰把维奇湾烧成一片火海。很快就控制了战场的英荷联军尽力想扑灭大火。他们救出并拖走了几艘大帆船，但是绝大部分帆船都已葬

身大海。

第三天早上，英国潜水员就开始冒着风险潜入海底，捞回了一些战利品。但是，在西班牙地面突击队的炮火下，英荷联军不得不放弃打捞工作。

这批财宝究竟有多少？据被俘的西班牙海军上将估计：约有 4000 ~ 5000 辆马车的黄金珠宝沉入了海底。尽管英国人冒险多次潜入海下，也仅捞上很少的战利品。于是，这批宝藏强烈吸引着无数寻宝者。

从此，在近 2000 千米长的海底，出现了一批批冒险家的身影。他们有的捞起已空空如也的沉船；有的却得到了纯绿宝石、紫水晶、珍珠、黑琥珀等珠宝翡翠；有的仍用现代化技术和工具继续寻觅。随着岁月推移，风浪海潮已使宝藏蒙上厚厚泥沙，众多传闻又使宝藏增添了几分神秘，无疑给冒险带来了太多的麻烦。

不幸的是那部分由陆地运往马德里的财宝，在途中有一部分被强盗抢走。这部分约 1500 辆马车的黄金，据说至今仍被埋藏在西班牙庞特维德拉山区的一个鲜为人知的地方。这显然又像一块巨大的磁铁吸引着梦想发财的人们。

"中美" 号运金船之谜

自从 1849 年美国加利福尼亚北部地区发现了金矿，一阵疯狂的淘金热突然开始在全美盛行起来。淘金者们从遥远的西部和东部千里迢迢地赶到加州，云集于此。成千上万的人在这里翻地掘土，把泥土放在他们的筛子里摇晃，不断有新的人群被这种黄色金属的光芒吸引过来。加利福尼亚的每一寸矿地似乎都发出过锄头敲打的声音。

在仓促建立起来的村庄中，一个鸡蛋价值 10 美元，一个土豆 1 美元，一个圆面包 25 美元，一张床位一个月租金 500 美元。法律已经失去了它应有的效用，在一把铁锹和一个平底锅就能一天挣 100 美元的男人中，赌博和流血冲突每天都会出现。

整整 8 年过后，一群群人带着用血汗换来的黄金准备回家。他们再也不愿意过这种残酷而危险的日子。

而他们中的有些人不得不又开始一种新的充满恐惧的行程。他们风尘仆仆地带着他们的妻子、孩子，辗转万里，从旧金山搭船到巴拿马，再搭骡车横越巴拿马海峡，最后乘船驶往纽约，从西海岸返回东海岸。

1857 年 9 月 10 日，载运着这些淘金者的“中美”号汽船从旧金山出发了。这艘小小的汽船竟乘有 750 余人，其中有 423 名淘金者，还有他们随身携带的大批黄金。

正当这些人在憧憬中高谈阔论以后的幸福生活时，危险已悄悄地到来了。由于汽船严重超载，船体吃水太深，使航行的安全系数大大降低。再加上这一带海域是著名的热带风暴多发区，随时可能遇到风暴。

当这艘船离开巴拿马港两天之后，“中美”号汽船遇上了意料不到的灾难。一阵突然来临的狂风暴雨的袭击使汽船的船舱中部破裂，船体破开了一个大口子，海水一下子就涌了进来。汽船开始无情地下沉。同时船帆也被强风吹断，不久船上锅炉的火也熄灭了，面前只有一望无际的大海。人们都明白，死神已向他们召唤。这些人顿时陷入彻底的绝望之中。

问题是，船上还有一部分救生艇，有些人还可以逃命。那么该让谁去死，又该让谁去活呢？

这些平时在小酒馆里显得粗犷鲁莽的淘金者，尽管他们平时在生活中相互间也曾为了一个鸡蛋、一个土豆、一个面包、一块黄金而打得头破血流，他们在小酒馆里相互间也时常赌博甚至决斗，而此时他们的表现却令人肃然起敬。

值得令人尊敬和让后人们永远敬仰的是，他们每一位都是历经了重重磨难才来到这里的。在最后的生死关头，他们却勇敢而冷静地保持了人的尊严和高尚品格，显示出高贵的绅士风度，把生还的机会给了妇女和儿童，把死亡留给了自己。尽管他们每个人在历经千辛万苦之后，都怀揣着大把大把的黄金，他们也知道，只要闯过这一关，回家等待着他们的是豪华的别墅和享受不尽的荣华富贵。但此时与人的生命价值比起来，黄金已黯然失色，变成了一堆废铁。

时间已不允许他们有丝毫犹豫，经过短暂的商量，他们迅速组成自救队，将全船的妇女和儿童首先送上救生艇。就像1898年震惊世界的泰坦尼克号上发生的悲剧一样，汽船上的妇女和儿童全部获救。423名淘金者连同那些无法估量的黄金全部葬身海底。

那些后来被经过这一带海域的船只救起的幸存者们不断地诉说那些淘金者的英勇。但遗憾的是，他们中的每一个人都无法确定沉船的准确方位。所以这批加州黄金的下落也成为一个不解之谜。

近年来寻宝专家史宾赛宣布他找到了“中美”号沉船的地点。他曾经打捞过几艘在美国内战中沉没的船只，迄今为止他已花了20年的时间来寻找这艘满载黄金的沉船。正当人们充满期待的时候，消息戛然而止。至今还没有得到他把这批黄金打捞上来的消息。

“泰坦尼克”号沉没之谜

1912年4月12日是个悲惨的日子——这一天，英国豪华客轮“泰坦尼克”号在驶往北美洲的处女航行中不幸沉没。这次沉船事件致使1523人葬身鱼腹，是人类航海史上最大的灾难，震惊世界。这么多年来，“泰坦尼克”号沉没的真正原因，一直是人们探索的焦点。

1985年，人们在纽芬兰附近海域发现了沉没的“泰坦尼克”号残骸。紧接着，探索者们利用各种先进技术，甚至潜入冰冷黑暗的深海，企图揭示“泰坦尼克”号沉没的原因。然而，潜入水中的人只能看到“泰坦尼克”号的外观，却无法探查由于冰山撞击造成的“创伤”，因为轮船的裂缝已被厚厚的泥沙深深掩埋起来了。这个状况一直到1996年才得以改变。该年8月，一支由几个国家的潜水专家、造船专家及海洋学家组成的国际考察队深入实地进行了探测。不探则已，一探惊人。一个全新的说法打破了因著名电影《泰坦尼克号》而广为人们所接受的剧情。

在这部电影里，这艘近275米的豪华客轮，被迎面漂来的冰山撞开了约92米长的裂缝后，船舱进水，很快沉没在纽芬兰附近海域。然而这次探测的结果表明，“泰坦尼克”号并不是被迎面漂来的大冰山撞开一个大裂口而沉没的。他们的声波探测仪找到了船的“伤口”。“伤口”并不是92米那么长，而是有6处小“伤口”，总的损坏面积仅有3.7~4平方米。

为了增强这种说法的可信度，研究人员利用那些数据在计算机上模拟了灾难发生的过程，结论是肯定的：当时进水的6个舱室并不是平均进水的，有的进水量大，有的进水量小，这说明撞开的洞有大有小。其实，在当时该船的设计师爱德华·威尔丁已经提出了这个情况，可是这个非常重要的证言被有意或无意地忽略了。因为当时的人们很难接受这样一个事实：一艘如此精良的巨轮只撞了6个小洞就沉没了！

该船的“受伤”与船体钢板也有很大关系。1992年，俄罗斯科学家约瑟夫·麦克尼斯博士在文章中写道：“敲击声很脆的船体钢板，或许使人感到它可以在撞击下被分解成一块块，实际上是从船的侧面被打开的口子。”美国科学家对船体钢板的研究结果也证实了上面的看法，当时的钢板有许多降低钢板硬度的硫黄夹杂物，这是船体钢板非常脆的原因。因此，专家们普遍认为，冰山撞击可能并不是致命原因；冰山撞击来得太突然，加上轮船的速度稍快，再加上钢板较脆，是这一悲剧发生的真正原因。

一切听上去都是那么有理有据，然而和所有未明真相的事件一样，“泰坦尼克”号之谜也远远未曾结束。2004年，一个耸人听闻的言论跳到全世界公众的面前，吸引了所有关心和不关心“泰坦尼克”号事件的人们的注意力：英国的罗宾·加迪诺和安德鲁·牛顿在接受英国电视台采访时，披露了“泰坦尼克”号沉船阴谋论——泰坦尼克号沉没事件中遇难的1523名乘客和船员并不是死于天灾，而是死于人祸！

他们称，在“泰坦尼克”号开始它的处女航的6个月前，即1911年9月11日，“泰坦尼克”号的姊妹船——“奥林匹克”号在离开南安普顿出海试航时，船舷被严重撞毁，勉强回航并停靠到了贝尔法斯特港。不幸的是，保险公司以碰撞事件的责任方是“奥林匹克”号为由拒绝赔偿，而“奥林匹克”号的修理费用异常昂贵，当时的白星轮船公司陷入了严重的经济困境。更糟糕的是，如果6个月后“泰坦尼克”号不能按时起航，那么白星轮船公司将面临破产。

于是，白星轮船公司决定把已经损坏的“奥林匹克”号伪装成“泰坦尼克”号，并安排了那场海难来骗取一笔巨额的保险金。原先白星轮船公司安排了一艘“加利福尼亚”号停靠在大西洋的冰山出没区，准备在事故发生时及时救上“泰坦尼克”号上的所有人。导致灾难成为事实的最关键处是，“加利福尼亚”号竟然搞错了“泰坦尼克”号的位置和求救信号，没有及时赶到沉船地点进行抢救。加迪诺、牛顿和其他阴谋论者都认为白星轮船公司的主人——美国超级富翁J. P. 摩根是这起保险诈骗阴谋的幕后策划者。

言之凿凿，石破天惊。但是许多英国人对阴谋论嗤之以鼻，其中包括“英国泰坦尼克协会”的专家。“英国泰坦尼克协会”发言人斯蒂夫·里格比在接受记者采访时说：“我毫不怀疑，躺在北大西洋海底的船只正是‘泰坦尼克’号。”

但是，“船只保险诈骗阴谋”论者指出一件件异常情况来证实他们的说法：

第一，“泰坦尼克”号曾经突然改变航线，可能是为了与“加利福尼亚”号进行会合；

第二，遭遇冰山后，有人看见大副默多克跑到高高的船桥上去，可能是为了寻找“加利福尼亚”号的踪迹；

第三，后来的调查报告显示，在船员船舱里竟然没有一个双筒望远镜，这意味着监望员很难及时发现冰山；

第四，白星轮船公司的总裁J. P. 摩根本来也计划乘坐“泰坦尼克”号，但在起航前两天，他以身体不适为由取消了旅行，可是轮船沉没后两天，有人发现他正和法国情妇幽会。与他一起取消行程的有55人，这些取消行程的人应该都是知晓内幕者；

第五，在临时把“奥林匹克”号伪装成“泰坦尼克”号的过程中存在偷工减料，有人发现沉船上的一些救生艇像筛子一样漏水；

第六，也是最令人匪夷所思的一点，从“泰坦尼克”号遗骸处打捞上来的3600多件物品中，竟然没有一样东西上面刻着“泰坦尼克”的标记；

第七，当时出现在大西洋上的“加利福尼亚”号除了工作人员和3000件羊毛衫和毯子外，没有搭载一名乘客的事实让人不解。

近日，来自美国俄亥俄州大学的研究学家罗伯特·埃森亥福提出一个全新的理论：“泰坦尼克”号煤仓里的一处隐燃火是致使这艘豪华巨轮沉睡海底的罪魁祸首。

根据埃森亥福的新理论，为了消除船上煤仓里的一处隐燃火，船上蒸汽机锅炉的添煤工试图通过加大煤的使用量使煤堆体积迅速消减下去（煤堆的隐燃火现象现今仍然很普遍）来达到灭火的目的，但用煤量的加大使得蒸汽机锅炉里的蒸汽量大量增加，导致“泰坦尼克”号在布满冰山的危险的海面上航行速度骤然加快，最终撞击冰山沉没失事。

埃森亥福说，“这种做法是非常投机的，”他补充道，“但是煤堆隐燃火现象是一种慢性问题，一旦产生了隐燃火，你也知道它在什么地方出现，但你仍然很难将它扑灭。”

埃森亥福表示，有史料可以证明，当时“泰坦尼克”号报告说船上有一处着火，为此火控组曾在英国南安普敦和法国瑟堡港口出现过，准备为它灭火维修。

这样看来，“泰坦尼克”号沉没的真正原因依然是难解之谜！

纳玛托岛石柱之谜

密克罗尼西亚群岛共有的500多个岛屿中，最大的名叫波纳佩岛，面积约500平方千米。在它的对面，有一个很小很小的岛，名叫纳玛托岛。

1595年，葡萄牙海军上尉佩德罗·费尔南德斯·德·库伊罗斯乘“圣耶罗尼默”号帆船来到这个小岛，他惊讶地发现，岛上虽然荒无人烟，但却有无数巨型石柱整整齐齐码放在那里，堆成了一座10多米高的石头山。

后来的地质学家和考古学家们到岛上进行了研究，发现这原来是一处远古时代的建筑废墟。这些石柱是加工过的玄武岩柱，由冷却的火山熔岩凝成，每根重达数吨。瑞士人冯·丹尼肯试着数过这些石柱，堆砌起来的石山共由4328根石柱组成。连同各处地上散乱的石柱、若干墓室和一道860米长的石柱围墙，总计纳玛托岛上的古建筑废墟共用了约40万根石柱。岛上的建筑没有浮雕，没有装饰，没有南太平洋建筑常见的繁丽花纹，只有数不完的玄武岩石柱和交错纵横的运河水道。这是一座什么建筑呢？

更令人不解的是，纳玛托岛本身并不产这种玄武岩，石柱是从波纳佩岛运来的。两处距离虽不远，但只有水路通航。人们认为是用当地一种叫作卡塔玛兰斯的独木舟来运输的。这种独木舟一次只能运一根石柱。

有人计算了一下，如果一天运4根，一年才能运1460根。照这样计算，波纳佩的岛民要工作296年，才能把40万根石柱统统运到纳玛托岛。波纳佩土著把纳玛托遗址叫作“圣鸽神庙”。传说300年前，一只鸽子驾船穿过水道来到这里。在鸽子来到之前，岛上的统治者是一条喷火的巨龙，它吹一口气就挖好了运河，石柱也是它从邻岛运到这里的。

传说或许有过多的神话色彩，但究竟是谁建造了纳玛托岛上的石柱建筑？太平洋岛民慵懒、散漫而自足，这样一个巨大的工程，以他们来说，没有特殊的动力是不可能完成的。更令人难以理解的是，岛上的建筑显然并未完工，留下一部分城墙还没来得及造好，就由于某种原因突然被放弃了。散乱的石柱扔得到处都是。

到底是谁在这个岛上建造了这奇怪的建筑？它是什么时候建造的，又有什么用途？为什么尚未完工又被突然放弃了？纳玛托岛的石柱，又一个不解之谜。

马耳他岛巨石之谜

地中海上的马耳他岛，位于利比亚与西西里岛之间。1902年，在这里的首府瓦莱塔一条不引人注意的小路上，发生一件引起世人轰动的大事。

有人盖房时在地下发现一处洞穴，后来人们才知道，原来这里埋藏着一座史前建筑。它由上下交错、多层重叠的多层房间组成，里边有一些进出洞口和奇妙的小房间，旁边还有一些大小不等的壁孔。中央大厅耸立着直接由巨大的石料凿成的大圆柱和小支柱，支撑着半圆形屋顶。整个建筑线条清晰，棱角分明，甚至那些粗大的石架也不例外，没有发现用石头镶嵌补漏的地方。天衣无缝的石板上耸立着巨大的独石柱，整个建筑共分 3 层，最深处达 12 米。

这些不可思议的史前地下建筑的设计者是谁？在石器时代，他们为什么花费这么大的精力来建造这座巨大的地下建筑？人们对其百思不解。

11 年后，在该岛的塔尔申村，人们又一次发现了巨大的石制建筑。经过考古学家们挖掘和鉴定，认为这是一座石器时代的庙宇的废墟，也是欧洲最大的石器时代遗址。

这座约在 5000 多年前建造的庙宇，占地达 8 万平方米，整个建筑布局精巧，雄伟壮观，好多个祭坛上都刻有精美的螺纹雕刻。站在这座神庙的废墟面前，首先映入眼帘的是一道宏伟的主门，通往厅堂及走廊错综的迷宫。

在马耳他岛上的哈加琴姆、穆那德利亚、哈尔萨夫里尼，考古学家们曾几次发现精心设计的巨石建筑遗迹。

哈加琴姆的庙宇用大石块建造，也是最复杂的石器时代遗迹之一。有些“石桌”至今仍未肯定其用途。石桌位于通往神殿门洞内的两侧，神殿里曾发现多尊母神的小石像。

穆那德利亚的庙宇，俯瞰地中海，扇形的底层设计是马耳他岛上巨石建筑的特征，这座庙宇大约建于 4500 年前，有些石块因峭壁的遮掩，而保存得相当完整。

最令人不可理解的是“蒙娜亚德拉”神庙，这座庙宇又被称为“太阳神”庙。一个名叫保罗·麦克列夫的马耳他绘图员仔细地测量了这座神庙后发现，这座神庙实际上是一座相当精确的太阳钟。根据太阳光线投射在神庙内的祭坛和石柱上的位置，可以准确地显示夏至、冬至等一年的主要节令。

而更令人震惊的是，从太阳光线与祭坛的关系推测，可以毫不犹豫地得出结论：这座神庙是公元前 10205 年建成的，离现在已经整整 1.2 万年了。

这座神庙的存在，又一次打乱了人们的正常思维方式。1.2 万年以前，神庙的建造者们居然能有那么高深的天文学和历法知识，能够周密地计算出太阳光线的位置，设计出那么精确的太阳钟和日历柱。这一切该怎么解释呢？

马耳他岛的面积很小，仅 246 平方千米。但在这样一个小岛上，却发现了 30 多处巨石神庙的遗址。不少学家的研究表明，这些巨石建筑的建造者们在天文学、数学、历法、建筑学等方面都有极高的造诣。有些研究者甚至推测判断节令的历法标志，而且还可用作观察天体的视向线，甚至能当做一台巨型计算机，准确地预测日食和月食。

石器时代的马耳他岛居民真有这么高的智慧吗？如果真是这样，那么他们是怎样获得这些知识的？为什么他们在其他领域却没有相应的发展？是什么因素激发了他们建造巨石建筑的疯狂热情？而这些知识又为什么莫名其妙地中断了？

对于这一切，至今仍没有人能够回答。巨石无言地耸立着，把一切高深莫测的疑问保持在一片沉默中。

南马特尔建筑之谜

在南太平洋波纳佩岛的东南侧，复活节岛的西侧有一个名字叫作“泰蒙”的小海岛，人们也管它叫作“墓岛”。那么，它为什么又叫作“墓岛”呢？

泰蒙岛有一处伸向大海的珊瑚浅滩，浅滩上面耸立着 89 座高大雄伟的建筑物。这些建筑物全都是用巨大的玄武岩石柱纵横交错搭起来的，大约有 4 米高。人们如果站在远处望去，它们就好像是一座座怪石嶙峋的山峰。

人们要是走近了再一看，它们又好像是一座座神庙。有人说这些建筑物是远古时代人们的坟墓，它们之间环水相隔，形成了一个个的小礁岛。所以，人们就将泰蒙岛叫作“墓岛”。

据说，那些神庙一样的建筑其实是波纳佩岛上土著人历代酋长的坟墓，大大小小共有89座，散布在长达1100米、宽450米的海域上。它们之间环水相隔，形成了一个个小岛礁。

当地人把这一巨大的石造遗迹叫作“南马特尔”，在波纳佩语中，这个单词有两个意思：一个是“众多的集中着的家”，另一个是“环绕群岛的庙宇”。这些遗迹一半浸没在海水之中，为此，人们只有在涨潮时才能驾着小船进入；退潮时，遗迹周围露出了一大片泥泞的沼泽地，小船根本进不去。

泰蒙岛上的南马特尔遗迹和复活节岛的石像都处在太平洋当中，可前者却没有复活节岛那么有名。不过，南马特尔遗迹充满了离奇的传说，使它蒙上了一层特别的色彩，使得它的神秘并不亚于复活节岛。还有，南马特尔遗迹到底是怎么建造起来的，更是一个难以解开的谜团。要想解开南马特尔遗迹这个谜团的难度也并不亚于解开复活节岛之谜的难度。

南马特尔遗迹的那些古代坟墓，从来就没有一点儿文字记载。据当地的人们说，关于那些古代坟墓的来历，都是靠当地酋长一代一代地口头传授下来的。酋长们之间到底传授的是什么内容，只有酋长自己和可继承酋长宝座的人才知道。另外，酋长们在口头传授那些古代坟墓来历的时候，还有一条特别严格的规矩，就是绝对不能向外人、哪怕是自己的亲属泄露出去，不然的话，就会遭到诅咒，死神就会降临到他们的头上。当地的人们说，别以为这是在吓唬人，因为这种可怕的事情确确实实地发生过呀！

1907年，德国军队占领了波纳佩岛。后来，有一个名叫伯格的德国人担任了波纳佩岛第二任总督。据说，这个伯格总督对南马特尔遗迹特别感兴趣，尤其对埋葬着一个叫伊索克莱酋长的那座坟墓充满了好奇，总想把坟墓挖开看一看。

有一天，伯格想尽一切办法，终于从当时酋长的嘴里了解到了一些关于那座坟墓的情况。于是，他立刻下令挖掘伊索克莱的坟墓。没想到，诅咒应验了，死神降临到了伯格的头上。在他下令挖掘伊索克莱酋长坟墓还不到一天的时间里，他就暴死了。

19世纪的时候，有一个名叫伯纳的德国考古学家听说了南马特尔遗迹的事情以后，也前来发掘文物。结果，死神很快就降临到了这个伯纳的头上，他也同样莫名其妙地暴死了。

神秘的南马特尔遗迹，可怕的诅咒，可怕的死神！第二次世界大战的时候，日本侵略军占领了波纳佩岛。有一个名叫杉浦健一的日本学家，他表面上是个所谓“专家”，可内心里却是一个名副其实的侵略者。杉浦健一心想：南马特尔遗迹里面一定有大量的文物，这要是把它们弄到手，不仅可以写出令人惊叹的学术论文，还可以得到数不清的财宝呀！可是，不了解那些古代坟墓的秘密，就没办法把它们挖掘开。那么，怎样才能得到那些古代坟墓的秘密呢？杉浦健一立刻命令几个士兵去抓酋长。

酋长被日本侵略军抓来了。杉浦健一命令几个士兵把刺刀对准了这个酋长，然后慢条斯理地说道：“你快点儿把那些古代坟墓的秘密说出来吧。你要是不说实话，这些士兵的刺刀可不是好惹的呀！”说完，他冲着酋长发出了一阵“嘿嘿嘿”的冷笑。酋长面对侵略军的刺刀，想了想，只好把古代坟墓的秘密说了出来。

没想到，几天以后，晴朗的天空突然亮起一道道闪电，随着又响起了一阵阵霹雳。这个酋长正在屋里待着，突然一道闪电闯进屋里，一下子就把他击死了。

那个杉浦健一正在屋子里，打算把记录的古代坟墓的秘密整理一下，将来好出版成书。他刚把记录整理好，也突然死了。

后来，杉浦健一的一个学生拿着他的那些古代坟墓的记录，找到了一个名字叫泉靖的教授，请他继续整理出版。奇怪的是，那个泉靖教授不久也死了。从那以后，再也没人敢去干这件事情了。

就这样，除了泰蒙岛的酋长，不管任何人只要想得到南马特尔遗迹的秘密，最后都得到了暴死的下场。那些泄露了南马特尔遗迹的酋长，不管他是怎样泄露的，同样也得到了暴死的下场。

如果说南马特尔遗迹是神秘的，那么诅咒的传说则让这个遗迹显得更加神秘而恐怖！那么，南马特尔遗迹究竟是怎么建造起来的呢？

近些年来，一些学家陆陆续续到了波纳佩岛，对泰蒙岛南马特尔遗迹进行了考察。他们都认为，南马特尔遗迹这项工程简直是太宏伟了，整个工程用了大约 100 万根玄武岩石柱。这些石柱是从波纳佩岛北岸的采石场开凿下来的，经过加工以后再用木筏子运送到泰蒙岛上。冒险考古学家丹尼肯曾对“南马特尔遗迹”做过考古报告，他在自己的一本著作中这样写道：

我乘坐波音 727 来到了“南马特尔”，在两个土著人的陪同下，我们经过了许多袖珍岛屿，然后南马特尔岛就出现在我们面前——一个和众多岛屿相似的岛屿。这个小岛与其他小岛的不同之处在于它拥有奇特的东西。万神庙，小玄武岩城，史前居民的难以置信的静谧去处，就在这个并不比一个足球场大的热带小岛之上。突然之间人们就站在了这些史前史的佐证前面，而人们并没有做好这种“相遇”的准备。如果人们极目四望，就会发现遗址地区虽是处在杂乱无章之中，但设施的平面图仍然清晰可辨。就如同在做棍棒游戏一样，无数大小棍棒重叠地码放，分层排列，井然有序。而这绝不可能是随便在这儿做的游戏，因为这些棍棒都是些有数吨之重的玄武岩圆柱和玄武岩石块。迄今为止的所有研究都认为，这些玄武岩圆柱是冷却了的火山熔岩。但是，当我不得不一米一米来确定，火山熔岩完全依据标准，在大致相同的长度下凝结成六角或八角柱时，我疑窦顿生。

鉴于在波纳佩岛北岸堆满了柱状玄武岩的事实，我准备不理会这些符合一定尺寸进行凝固的火山熔岩柱的愚蠢解释并做出这样的假定：这种第一流的和做了精密加工的建筑材料，是在该岛的北岸被切割开和进行加工的。波纳佩岛和南马特尔岛相距很远，运送它是极其困难的。因为其平均 3 ~9 米长，往往超过 10 吨重的玄武岩块，可以说肯定要从波纳佩岛的北岸穿过迷宫似的丛林水道，经过几十个同样适合修建那些建筑物的岛屿被运往南马特尔岛。之所以排除在陆地上运送它们的可能，是因为自太古以来的倾盆大雨，白天会反复淹没茂密的丛林，且波纳佩岛是个多山的岛屿。如果人们甚至还接受这样的看法，即丛林中的道路是随意可以开辟的，并已拥有能翻山越岭、钻掘开挖沼泽泥潭的手段，那么如此重物最终就能到达该岛的东南角，然后人们再把它们装到船上。

当地人们对我解释说，水上运输大概是通过木筏子进行的。这是一种看法，不过这种看法与一位学者的另一种看法又相矛盾。他的看法是：原始土著人把这些玄武岩块挂在他们的独木舟下面，用这种方式减轻重量，然后再逐块运往南马特尔岛。

我自找麻烦，去数了数主体建筑一边的玄武岩块。在60米长的一个地段上，共有1082根大柱子。该建筑呈正方形，这四面外墙表明有4328根柱子。我让一个数学家帮我根据宽和高计算了一下，连同用于充填建筑物的必要的玄武岩柱子的房间体积：主体建筑“吞掉”了约3.2万块柱石。但是主体建筑只是这个大建筑的一部分。

在这个岛上有多条水道、多座坟墓、多处隧道和一面860米长的大墙，大墙最高点为14.2米。呈直角大墙的主要地段建在平台上，也是用第一流的玄武岩细方石修建，并呈阶梯形。我自己大致量的主要殿堂有80多个附属建筑物。如果人们把3.2万这个数作为根据，来估计一下仅这80个建筑物所使用的玄武岩柱的数量大概是40万块的话，与其说是太多，不如说是太少。如果人们刨根究底地计算一下，就会发现那些解释是极其荒谬的。其荒谬处如：

在时间上，当南马特尔的建筑物出现之时，所有研究者都证实，在波纳佩岛上只有少量居民。在岛的北岸的取石工作是困难繁重、费事艰辛和旷日持久的。穿越丛林运送加工好的石块需要一大群身强力壮的男子汉。把这些大石块捆绑到独木舟下面，装卸工的数量也是可观的。一定数量的岛上居民，最终也还得收获椰子、捕鱼和操心一日三餐。如果每日把4吨或更多吨位的沉重的玄武岩大柱运抵南马特尔的南岸，那么即使以现有的“技术”能力，它大概也是一项巨大的值得钦佩的成就。鉴于那时无论如何还没有工会，请让我们设想一下：365日天天都在干活，那么每年至少要把1460块玄武岩大石块运到南马特尔岛，需要296年，而这仅仅只是把材料运至建筑现场。

不，有人性的生物任何时候都不会愚蠢到这种地步：他们要毫无道理地去经受这样的折磨。如果在波纳佩岛北岸已经有玄武岩采石场，那么为什么人们不就在主岛上修建起这一建筑物呢？人们为什么非要在一个远离采石场的小岛上修建它呢？

难道就没有令人信服的解释？

南马特尔并非是座“漂亮”的城市，以前肯定也不是。那里没有浮雕，没有雕塑，没有塑像或者根本就没有原材料。那是一个使人战栗、叫人难以接受的建筑风格。把玄武岩块僵硬、原始、让人感到害怕地层叠堆积起来。这种建筑很令人惊奇，因为南太平洋的海岛居民始终以夸张方式用花纹图案装饰他们的宫殿或要塞。宫殿和要塞据说是国王朝贺或天神决定和解的场所。而南马特尔的斯巴达克式的大墙工程排除了这几种可能。难道它是一个防御工事？那些平台（它使登上建筑物变得容易）证明用于这个目的是荒谬的：到底什么时候把这样一种机会提供给敌人使用呢？

为了给“南马特尔遗迹”之谜做出合理的解释，我们再回到复活节岛上，以复活节岛的情况去推测南马特尔的情况。

几乎全球各地自古就有大洪水的传说，岛屿土著都普遍世代相传着大洪水的故事。以复活节岛为例，岛上土著世代口述相传，指出当地以前本来是块名叫希瓦的大陆（也就是人们常说的沉没的太平洲），后来被大洪水淹没，大部分地区都淹没在太平洋海底，只有复活节岛、波纳佩岛、夏威夷岛等诸岛——这些当年的高山险峰尚突出于海平面。而夏威夷的正确发音和希瓦极为相似。太平洋岛国斐济的首都就叫苏瓦。

与复活节岛遥隔万里的新西兰土著也把他们祖先的土地称为希瓦，传说他们的祖先来自新西兰东方的希瓦土地，后来因为陆地淹没，才逃到现在的新西兰。

从全球地质化石等许多资料来看，在地球的旱季里，海水大踏步地退缩，太平洋诸岛都成了希瓦大陆的高山，富饶美丽的希瓦大陆孕育出了高度的文明——今天被称之为太平洲的文明。这样要建成南马特尔巨石城、海底巨石城、复活节岛巨石人像群和诸岛巨石建筑的人力、物力、技术力量都是具备的。

后来洪水淹没了希瓦大陆，幸存者不得不逃往大洋洲和太平洋的孤岛——昔日的山峰上。

从南马特尔古城可以看出，它建有一道巨大的防洪墙，它与复活节岛上的巨大石墙是大洪水季节开始时，希瓦大陆的统治者们作为防洪用的。他们建造巨大的石像群，作为复活节岛淹没时在海洋上的标志，还可立足其上作为暂时求援之用，这种海洪时退时淹的现象在复活节岛上持续了若干年。

由于后来洪水飞涨，许多地方都成孤岛，人力分散、剧减，许多物质被淹没，太平洲人不得不停下他们的巨大建设工程，所以复活节岛还静躺着300多个规模更大的未完工的巨石像和波纳佩岛采石场留下很多刚开采准备使用的石块。

在山顶建城要比在山下费力得多，所以希瓦大陆最豪华的宫殿城市是在山下，即被淹没在现在的太平洋海底，如南马特尔的水下城。波纳佩岛上的土著世代相传，距南马特尔古城不远的海底有一处淹没的古城。1939年，潜水人员在附近海底发现保存得相当完整的街道、石柱、石像和住处。他们还从当地海底捞出十分珍贵的黄金与珠宝饰物，可见史前希瓦（太平洲）大陆人的科学技术已经非常发达。

不过，这种说法显然并不能说服人们，因此南马特尔建筑也就成了一个至今尚未解开的谜。

玛迪亚海沉船之谜

1907年，一位希腊的海绵打捞工人，在北非突尼斯东部的玛迪亚海水深40米的海底，看到了像军舰大炮样子的文物。从此开始，潜水工人们又在附近海底发现了很多双耳陶瓶和青铜制品的碎片。工人们向当时法属突尼斯的海军司令官杰·拜姆海军大将做了报告，打捞上来的文物被移交给了官方。拜姆动员了潜水员进行调查，其结果证明被看成海底大炮的文物并不是大炮，而是希腊浮雕的大理石伊奥尼亚式圆柱。

这一发现在欧洲的学术界引起了极大的轰动，为20世纪初考古学调查的发展提供了一个很大的实践机会。在法国海军的帮助下，突尼斯当局集中了希腊、意大利的一流潜水员，从1908年到1913年共进行了五次调查。

对于距陆地6千米、海流非常急，而且水深40米的海底调查作业来说，技术上受到各种限制，而且沉船完全被埋在海底淤泥中，使发掘作业变得极为困难。

沉船中，有最早报告说的像大炮的大理石圆柱，共6排，约60根，还凌乱地散布着柱头、柱础以及其他大理石的建筑材料和雕像等。虽然打捞上来了双耳陶瓶等部分文物，但大部分遗物仍然留在了海底，调查没有最后完成。

当时的潜水技术和调查方法不能绘制出能将船体复原的实测图，也不能将船体打捞上来。尽管如此，潜水工人们仍然打捞出了各种文物，并在海底淤泥的清除过程中，搞清了下面厚约20厘米的木材堆积层和其分布范围，并确认了这是船的甲板。还了解到打捞上来的遗物是甲板上的货物。在甲板下的船舱里装满了大量的细小贵重品，在更下面的船舱中贮藏着很多大理石艺术品，其中主要有希腊雕刻家加尔凯顿（约生活在公元前2世纪）的刻有“波埃特斯”铭文的“海尔梅斯”青铜像和同样大小的“奔跑的萨尔丘斯洛斯”青铜像、大理石“阿弗洛迪”半身像、牧神“波恩”的头像等。此外，还有烛台、家具等日用品和希腊阿提加工精美的酒杯。其中带有铭文的“海尔梅斯”像被认为是希腊时代著名的珍品。

这艘沉船据推测是满载罗马从希腊掠夺的艺术品及其他货物的大型运输船。船从雅典的皮莱乌斯港出航，在驶往罗马的途中，向南漂流而沉没。该船长约36米，宽约10米，恐怕是无桨的椭圆形帆船。从当时的造船技术看，似乎是为了运送想象不到的沉重货物而设计的。其年代根据遗物的研究推定，在公元前2世纪末到公元前1世纪初。

随着对遗物的文化性质及船体构造的研究，玛迪亚沉船逐渐在学术界引起较大的反响。据有关专家考证，该船是公元前86年征服掠夺雅典的罗马执政官鲁希阿斯·斯鲁拉有组织地将掠夺品满载运回罗马，而在途中遇到暴风，漂流到玛迪亚海域沉没的货船。

当时，斯鲁拉是罗马共和时代的猛将，深得人民的拥护。他在凯旋罗马时经常带回众多的俘虏和战利品向民众夸耀，以求受到狂热的欢迎。据说他在当时已获得很多的战利品，但为了掠夺，他又率领罗马军队进一步侵入了有古希腊象征的雅典。他在那里下令拆毁奥林匹亚的一座神殿，将大理石建材和雕塑装上运输船送往罗马。

有的史学家说，他打算用这些战利品在罗马复原神殿，以作为他的胜利纪念碑装点城市。据说这一船队绕行到亚平宁半岛与西西里岛之间的墨西拿海峡时，突然遇到风暴，其中一艘向西南方向漂流至北非近海沉没，在以后漫长的岁月里安眠在海底厚厚的淤泥之下。估计至今仍有大批珍宝沉睡在海底等待人们去打捞。

锡利群岛海底宝藏之谜

从 14 世纪以来，英国西南海岸的海峡和水域就一直是海盗们的乐园。他们把这个海域当成了自己对来往船只的最佳狩猎区。那时，从北海和波罗的海驶出的商船必须通过这个“针眼”才能前往欧洲南部和西部。对于那些向相反方向航行的船只，如来自地中海沿岸的航船，要安全通过这一区域也绝非易事。它们常常会受到海盗的攻击。

为了抵御海盗，英国的一些港口城市结成同盟自卫，其目的就是要把英国南部海港从海盗的控制下解救出来。于是，那些悬挂英联邦旗帜的海盗船，就从英国国王那里得到抢夺敌方商船的许可。官方还对海盗们允诺，除了英联邦的船只外，允许他们抢劫所有经过海峡的别的国家的过往船只。

这种特殊的规定造成只有在锡利群岛一带才会经常出现的怪现象：岛上居民竟然利用 100 多个像暗礁一样散布着的环形珊瑚岛来引诱别的国家的轮船触礁。为了达到目的，岛民与海盗勾结，使用各种手段，或燃起火把，或把点燃的灯笼挂在母牛的脖子上，其目的都是用错误的灯光信号误导，使那些在风暴或黑夜中迷失方向的船只偏离航道，以便海盗得逞之后大肆劫掠船上的财物。

18 世纪初的“联合”号就遭遇到这种劫难，并留下一批至今无法找到的巨大财富。

1707 年 10 月 21 日，克劳迪斯雷·肖伟尔将军正率领“联合”号、“雄鹰”号、“燃木”号、“长生鸟”号和“罗姆尼”号等军舰组成的英国舰队从直布罗陀全速行驶，在返航回英国的途中。肖伟尔船长本来一贯坚定自信，但那几天他总是莫名其妙地心烦意乱，总是毫无缘由地怀疑自己的舰队的航线是否正确。有时，他甚至一遍又一遍地问自己：“上帝啊，锡利群岛在哪里?”

惶惑不安中，这位将军召开了全体军官会议，经对各种数据反复验证之后得出结论是：锡利群岛暗礁还有很远一段距离，目前舰队的航线完全正确!

会议结束后，肖伟尔将军觉得总算可以放心了。晚上，当他快要入眠时，有一个人在房间外拼命地大喊，要他赶快出来。原来这是舰上的一个水手，这个水手认为现在整个舰队不但偏离了航线，而且正朝着锡利群岛附近那些大暗礁驶去。他大喊道：“将军，如果舰队不改变航向，我们将必死无疑!”“住嘴!”肖伟尔对他大声斥责道：“我不想听你胡言乱语，再喊就惩罚你!”没想到这个平时一向顺从懦弱的水手不但不住嘴，反而狂喊不止，舰上所有的人好像都没法堵住他的嘴，两个小时之后，他以扰乱军心为罪名被当场绞死在桅杆上。

当那个可怜的水手被绞死之后，将军自己却突然变得焦躁不安，他在房间里再也躺不下去了，便来到甲板上。抬头发现天空中有一种黑色的、像粥一样的东西呼啸着穿过空气，然后又急速在云层里落下来。凭借多年的航海经验，将军知道暴风雨即将来临。

突然，一个大副惊喜地递给将军一个望远镜，“长官，你看，我们的救星就在眼前。”肖伟尔将军拿起望远镜匆匆一看，就大声发出了命令：“赶快抢救船帆，改变航向，驶向灯光，只有那里能帮助我们确定方向。”

于是，舰队调整航向，全速向灯光信号驶去。当尖刀一般的礁石从汹涌的水面中突现出来，横挡在他们前面时，大副和肖伟尔将军同时发现自己的舰队正在一步步撞向巨大的灾难，但一切都为时已晚。紧接着便是震耳欲聋的撞击声，船舱像细木头一样断裂，甲板摇摇欲坠，水手们都摔倒在了地上，船体内发出劈里啪啦的断裂声。随后，战舰开始向右舷倾斜，海水顷刻间涌入“联合”号船舱内部，几分钟之内，船头和后甲板便被摧毁殆尽。

肖伟尔将军在万分惊恐之中看见自己的水手们一个个被巨大的浪涛卷人水中，转眼间消失在了大海深处。更可怕的是，“燃木”号等另外几艘军舰也转眼就被扔上巨浪中的岩石或者暗礁之中。

那么，是什么导致肖伟尔将军率领下的这支舰队遭遇如此灭顶之灾呢？

原来，舰队导航并没有过错，而是锡利群岛附近的海盗们用错误的灯光信号误导舰队偏离了航线。舰队被暗礁撞击后，这支英国舰队所有成员共2000余人全部葬身于大海之中，而出事地点距离英国本土仅仅只有45千米。

也许人们会问，难道这么多人中就没有幸存者吗？回答是确定的，没有幸存者，因为那些拼尽全力游到锡利群岛的水手也都被海盗和当地的居民杀死了。

为什么海盗和当地居民对落水者必欲置之于死地呢？

因为根据当时大不列颠的一条法律——如果海难中还有余生者，搁浅船只或船只残骸的发现者可以得到运载货物的三分之一；如果没有人生还，则所有从搁浅船只或船只残骸上抢救出来的财产都归发现者所有。

海盗们为了独吞舰队的财富，当然会把幸存者当成累赘。

这样一来，就造成当肖伟尔将军的舰队驶向锡利群岛的暗礁时，海盗们不但不去救助，反而幸灾乐祸地拿着望远镜，静观着遭遇海难的人们在咆哮大海中垂死挣扎。而那些拼命游到岸边原本可以获救的水手们，也都被岛上居民杀死。就连肖伟尔将军本人游到岸边，当他向一个渔妇伸手求救，那个渔妇发现他伸出的手上戴着一只金光闪闪的戒指，便将他掐死，随后砍下了他僵硬的手指，然后将尸体草草掩埋。直到数年之后，人们才发现了他的尸骸并运回伦敦，经过隆重的追悼仪式之后安葬在西敏寺大教堂。

风暴过后，海盗们坐着轻便的渔船，划向暗礁，然后分成小组，从触礁的残骸带回金币、银币、木板、滑轮、钢索、滑车组、索具、皮带、手枪、弹药和刀子等一切有价值的东西。

而这支舰队最大的一批财富，即舰队的钱箱，在舰队遇难之前就已经沉入了海底。

专家估计，不仅“联合”号，在锡利群岛周围，至少有1000多艘来自欧洲大陆不同国家的船只触礁搁浅。所以这个区域被看做欧洲最大的“船只公墓”。

“慕尼黑”号失踪之谜

1980年5月，欧洲大报都在显著版面刊登一条新闻：“不来梅海事法庭经过一年多调查审理，将于6月2日开庭，裁决‘慕尼黑’号沉船案。”消息传开，西方航运界人士议论纷纷，等待结果。

“慕尼黑”号是一艘新型的现代化船舶，装有先进的导航通讯设备和自动控制系统。1978年12月7日，4.5万吨级载驳船“慕尼黑”号装上最后一艘船舶后，缓缓驶出原联邦德国不来梅港向目的港——美国萨瓦纳港驶去。

“慕尼黑”号在阴沉的大西洋上连续航行了四昼夜。11日午夜零时7分，“慕尼黑”号报务员恩斯特同他的好友——“加勒比”号报务员通话，告诉他“……天气不好，风浪很大，海浪不断冲击船身……”，此时两船相距450千米。

两小时后，“慕尼黑”号发出遇难求救信号。希腊货船“麦里欧”号第一个收到求救信号，但始终未能同“慕尼黑”号建立联系，于是迅速发出了“慕尼黑”号遇难的方位和信号。

3 时 15 分，一个幽灵船的电台向“慕尼黑”号发出了奇怪的呼号：“向前，左舷50 度……”但“慕尼黑”号仍无声息，始终没有报告出事原因。12 日早晨，美国海难救助中心发布公告，要求在“慕尼黑”号附近海域的船舶相应改变航向，协助寻找。

救助拖轮分别从荷兰、比利时、原联邦德国、英国等地相继以最快速度开往出事地点。英国皇家空军出动最先进的反潜飞机参加救助。可是，停泊在离“慕尼黑”号最近的一艘苏联船“阿梯米达”号却反常地启锚往东南方向驶去，在距葡萄牙海岸 370 千米处又抛锚停下。

110 艘船及 13 架飞机在方圆 100 千米的海面上来回搜寻，但没有任何踪迹。12 月 13 日上午 9 时许，比利时人西诺特在很少使用的 8238. 4 千赫收到一个德国口音的英语呼号。

这一讯息传遍了大西洋上空，燃起人们救助“慕尼黑”号的希望。然而，几小时后，荷兰救助船收到了“慕尼黑”号无线电浮标的微弱信号。按国际惯例，只有当船舶行将沉没时才能投放无线电浮标。据此推测，“慕尼黑”号已葬身海底。

美国海难救助中心当天下午正式宣布：联邦德国籍载驳船“慕尼黑”号于 12 月 13 日 11 时左右在亚速尔群岛以北遇难沉没，船上 28 人失踪。

正当救助工作准备结束之时，事情又出现了戏剧性的转折。当晚 18 时以后，美国海军监听站在 2182 千赫连续听到十次内容相同的“慕尼黑”号海难求救呼号，其中还有用英语呼叫“Have 28 persons on board（船上有 28 人）”。从电台的发射功率判断，“慕尼黑”号并没有沉没。

但“慕尼黑”号为什么不通报方位和遇难原因？是否有人故意以此来混淆视听？这一个个问号为“慕尼黑”号事件增添了恐怖而神秘的色彩，美国海难救助中心决定重新判定搜寻方案。但经过一个星期的努力，“慕尼黑”号仍无下落。“慕尼黑”号的不幸事件震动了西方航运界。原联邦德国报刊惊呼：“慕尼黑”号悲剧是 1912 年“泰坦尼克”号灾难的再现！“慕尼黑”号装备堪称世界第一流，而遇难后无一幸存者，且不留痕迹，电台呼号时隐时现……这一切在人类航运史上闻所未闻。

不来梅海事法院经过细致调查认为，没有充足的证据足以说明“慕尼黑”号沉没的原因。气候恶劣和火山爆发等原因很难解释围绕“慕尼黑”号出现的奇怪现象，潜艇起伏时撞沉它也绝不会不留痕迹，因此各方面专家便集中研究“慕尼黑”号沉船之后的难解之谜。

“慕尼黑”号发出“SOS”信号后出现的奇怪电台呼号是什么意思？显然这艘船试图同“慕尼黑”号保持联系。有人认为是前苏联的“阿梯米达”号在作祟。它的神秘行踪，早就引起西方谍报机关的注意。

为了弄清情况，就必须了解“阿梯米达”号在12日和13日的电台通讯情况。可是苏联方面解释说：“阿梯米达”号是拖网渔船，“慕尼黑”号遇难时电台无人值守，但以后从“阿梯米达”号的电台日志副本上了解到12月12日3：00～4：00的监听频率为500千赫，引起了专家们更大的疑惑。

人们为追寻“慕尼黑”号的下落付出了巨大努力，但没有令人信服的证据断定它已葬身海底。从它第一次发出SOS信号到最后一次电台呼号相隔40多小时，在寒冷的大西洋乘救生艇坚持这么长时间是不可能的。即使如此，反潜飞机的搜索雷达也未能迅速发现目标。

有人推测，“慕尼黑”号在全船电力系统和电台发生意外故障后，遭到突然袭击被劫持或者带到某地。电台修复后又断断续续发出几次求救信号，其代价可能是惊人的。但如果要澄清事实，证实这一推测，还将进行大规模调查。

1980年6月2日，不来梅海事法院首席法官米尔茨宣布开庭。法院对“慕尼黑”号的沉船做了详细介绍。来自原联邦德国、美国、比利时、荷兰等国证人先后到庭作证。许多证词自相矛盾，引起了长时间的激烈辩论。

连续开庭10天之后，法院宣布了最终的审理结果：“……1978年12月12日，原联邦德国籍载驳船‘慕尼黑’号在驶往美国萨瓦纳港途中遭遇大风暴，随后全船电力系统、通讯系统和主机发生故障。在亚速尔以北沉没……建议进一步改进通讯和救生设备……”

这个含糊其辞的结论，并不能平息有关“慕尼黑”号的种种推测。“慕尼黑”号的悲剧已深深留在人们的记忆中。“慕尼黑”号沉船的真相，仍是待揭之秘。

“贝奇摩”号失踪之谜

浩瀚无垠的大海中有着许许多多神秘的故事，而大多数故事都是以船舶的发现或失踪结尾的。在这些曲折离奇的故事中，至今还没有结局、也许永远是个谜的大概要算幽灵船的故事了。这些船舶几十年来被人们弃置一旁，就像幽灵似的在海上游荡，还时时出现在人们的视野之中，成为人们议论纷纷的焦点。

加拿大哈德孙湾公司有一艘1300吨的蒸汽货轮，这就是不幸的“贝奇摩”号。它的烟囱高耸，驾驶台弯弯曲曲，船首又高又长，显得雄伟、漂亮而且坚固结实，足以抵挡北方水域可怕的大块浮冰和流冰的袭击。

1931年7月6日，这艘货轮从加拿大温哥华港起航开始了新的航程。“贝奇摩”号在炎夏阳光的照耀下向西北驶去。每到一个停靠港，船员们卸下给当地带去的物品，装上一些毛皮。最后，货轮顺利地抵达了终点——维多利亚海岸。在那里，他们把船舱装得满满的，然后掉头准备返回温哥华。

不幸的是，那年的冬天过早地来到了这块不毛之地，狂风和酷寒迅速地把流冰群带往南方。到了9月底，茫茫大海只剩下一条狭窄的水路了。10月1日，“贝奇摩”号已被海冰团团围住，冰封起来了。船上的主机停止转动，船身已无法移动。船长康韦尔命令全体船员穿过大约1千米长的浮冰到阿拉斯加北岸港口附近的村子里躲避。船员们在该村的几间小客栈里待了两天，冻得半僵，谁也不敢冒险外出。

这时，意外的事情发生了：流冰群突然松散开来，慢慢地从船两边移动起来。船员们急忙从屋里跑出来，踩着正在移动的流冰，纷纷爬上了船。他们花了整整3个小时，才把主机发动起来，开足马力向西驶去。正当船员们庆幸自己战胜了这场灾难时，不料冰块又一次紧紧缠住了“贝奇摩”号。

10月8日，随着一阵令人心惊的破裂声，冰上出现了大裂缝，包围着船身的冰块裂开了，船又慢慢移动起来。康韦尔估计，要不了几个小时，这艘货轮就会像鸡蛋壳那样被挤得粉碎，于是便发出了呼救信号。然而，一个星期过去了也没见到援兵的踪影。哈德逊湾公司出于无奈，派出两架飞机运走了22名船员，留下船长和其他14名船员等冰块融化后把船和货物抢救出来。

11月24日漆黑的深夜里，暴风雪降临这个地区。船员们只得躲进建造在坚冰上的小木屋。暴风雪减轻后，他们跑出木屋一看，出现在眼前的竟是一座20米高的冰山，而“贝奇摩”号却不知去向了。他们四处搜寻仍一无所获，便推测它已被暴风雪击成碎片、沉入海底了。

船员们大失所望，只得回到陆地上的安全地带。不料几天后，一个以猎取海豹为生的因纽特人带来一个喜讯：他曾在西南方72千米的地方看到过这艘船。船员们风尘仆仆地赶到那里一看，“贝奇摩”号早已被坚冰结结实实地冻住，根本无法把它开回去了。船长康韦尔只好带领船员从船舱中取出一些贵重的毛皮，依依不舍地离开了“贝奇摩"号，乘飞机返回家园。

在以后的几个月中，加拿大哈德逊湾公司的温哥华基地多次接到因纽特人的报告，说他们抛弃的那艘船又出现在朝东几百千米的地方。1932年3月12日，青年探险家赖斯莉·梅尔文坐在一架由一群狗拉着的雪橇上，从赫舍尔岛前往诺姆的途中看到“贝奇摩”号漂浮在离岸边不远的海上。他设法上了船，发现船舱里的毛皮原封未动，只是他孤身一人无法搬动这些珍贵的货物。

又过了好几个月，一群迷途的探矿者也看到了“贝奇摩”号，并登上了船。这时，船上的一切设备仍完好如初。

1933年3月间，这艘货轮又漂回到当初康韦尔船长离船的地方，悠闲地漂浮在冰水之中。接着又有一阵猛烈的暴风袭来，这些可怜的人在船上足足待了10天。

1933年8月，哈德逊湾公司又得知，“贝奇摩”号正在平静地向北漂动。限于技术水平，这个公司已经爱莫能助，无法营救它了。此后，有关这艘幽灵船的传说便在因纽特人中广泛流传开来。到了1935年9月，船已漂流到了阿拉斯加沿岸。4年来，它没有被冰块压碎也没有被海上风暴击沉，一直在大海中漂流着。

一位名叫休·波森的船长曾于1939年11月，在自己的船上看到了“贝奇摩”号。他设法登上了这艘无人驾驶的货船，想把它搭救出来。然而，“贝奇摩”号已被一块又一块巨大的浮冰团团围住。最后波森船长的希望也成了泡影。

1939年以后，“贝奇摩”号在人们的视野中又出现了好几十次。每一次无论人们怎样努力追踪，都被它无情地甩掉了。几年来，它在冰块的纠缠和包围中，漂移了数千千米。

1962年3月，一群乘独木舟的因纽特人在捕鱼的时候，又见到了正在北冰洋波弗特海漂移的“贝奇摩”号，当时它的外壳已经生了锈，但仍然没有破损。这群因纽特人无力营救它，只得眼睁睁地看着它向远处漂去。人们最后一次看到“贝奇摩”号是在1969年，这时的船已被牢固地冻在巴罗角附近的波弗特海中。

1982年9月，哈德逊湾公司的一位代表仍然认为人们到目前为止还不能肯定“贝奇摩”号是否还在海上漂流。看来从1931年底开始，这艘出没无常、无人驾驶的幽灵船，在海上漂流了50多年，也许它还会在海上继续漂流着。它既没有回到人类的怀抱，又没有进入宣告失踪的船舶行列。

金银岛宝藏之谜

你一定看过动画大片《金银岛》，你还记得里面的太空大盗吗？不过今天说的这个《金银岛》不是那个《金银岛》。这里讲的是苏格兰作家斯蒂文森的著名小说《金银岛》。在这篇小说里斯蒂文森讲述了一个脍炙人口的探险故事，主要说以海盗和船长各自一帮人为争夺荒岛宝藏而展开的惊心动魄的拼斗。这部小说最吸引人的地方是在文章的结尾，作者暗示仍有一大笔财宝隐藏在荒岛某一处。

《金银岛》是以真实的历史背景为题材写的，书中的荒岛即科科斯岛位于太平洋距哥斯达黎加海岸 483 千米的海中，曾是 17 世纪海盗的休息站。海盗们经常将掠夺的财宝在此装卸和埋藏，因此为这个并非鸟语花香、景色宜人的小岛平添了许多神秘色彩。据说岛上至少埋有六处宝藏。

最吸引寻宝者的是秘鲁利马的宝藏。自从 1535 年西班牙殖民头子弗朗西斯科·皮萨罗占领秘鲁一直到 1821 年秘鲁独立，利马始终都是南美西班牙殖民地总督的驻地。当年，殖民军到处大肆杀害印第安人，并从他们那里搜刮了大批金银饰物，聚敛到利马，然后定期装船运回西班牙。所以，利马号称富甲南美洲，甚至吹嘘连大路都是由“金银铺砌而成”。1820 年南美解放者科克伦勋爵在海上击溃了西班牙人的三桅战舰“埃斯梅拉达”号和其他 26 艘战舰。圣马丁将军英勇善战，也很快就逼近利马城下。龟缩在利马城中的西班牙达官贵族们惶惶不可终日，再也没有了往日的威风，纷纷准备逃离利马。当然，他们舍不得把多年来敲骨吸髓掠夺到的财宝丢掉，至少也要把能带走的东西带走。但是，当时只剩一条海路可以逃出利马，而可以横渡大海去西班牙的就只剩下爱尔兰船长汤普森的一条富丽堂皇的双桅横帆帆船“玛丽·迪尔”号私船了。而且，汤普森这时也准备起锚以避开迫在眉睫的最后决战。于是，利马的西班牙达官贵族们不惜用重金租下了“玛丽·迪尔”号帆船。他们整整花费了两天的时间，把城里几乎所有能带走的贵重物品都装上船，其中有属于私人财产的杜卡托（威尼斯古币）、金路易（法国古金币）、皮阿斯特（埃及等国古金币）、首饰、珠宝、金银餐具，以及教堂里的各种圣物盒、金烛台和祭仪用品，还有珍贵图书、档案和艺术珍品等。

在“玛丽·迪尔”号满载着乘客和贵重物品起航后，汤普森船长就决定不将此船开往预定的目的地加的斯（西班牙港口）或任何其他西班牙港口。其实，汤普森原先也并不是一个海盗，但是他被装在自己船上的这些无法估价的财宝弄得完全神魂颠倒了。

汤普森驾驶着帆船径直朝北驶去。一天晚上，他终于在自己船员们的协助下残酷地把船上的乘客统统扼死后扔进了大海。“玛丽·迪尔”号从此成了艘名副其实的海盗船。汤普森经过一番考虑，决定将船开往科科斯岛。这主要是因为，几个世纪以来，科科斯岛与世隔绝的地理位置有助于摆脱任何海上监控和追踪。它已成为南美洲海盗们一个颇有吸引力的避风港。汤普森将船上的主要财宝小心翼翼地埋藏在科科斯岛之后，毁掉了“玛丽·迪尔”号帆船，与船员们分乘小艇去了中美洲。他们谎称在海上遇到了无法抗拒的狂风暴雨，船触礁沉没了。

但是，尽管汤普森大肆宣扬了很久，他的海盗行为还是被完全识破了。他的同伙们在酷刑下供出了实情，并受到了惩罚。在19世纪初，已经有非常明确的国际协定，对于那些从事抢劫活动的海盗要处以死刑。然而，汤普森本人却巧妙地溜走了。

此后，他去了加拿大，后又到了新爱尔兰。在此期间，他很可能又去过科科斯岛，取走了一部分藏宝。但是，由于他的行动并不是十分自由，加上自然条件的限制等种种原因，“玛丽·迪尔”号船上的主要财宝没能被取走，依然埋藏在科科斯岛上。

茫茫太平洋上的科科斯岛是属于哥斯达黎加共和国的一座小岛。据有关历史资料记载，岛上埋藏着好几笔总价值高达200多亿法郎的巨额财宝，其中最无可争议的一笔，当属汤普森的“玛丽·迪尔”号船上的珍宝，其价值可达100亿到200亿法郎。这是世界上已知的第二大藏宝。

在委内瑞拉的加拉加斯博物馆里，珍藏着一份原始文件，它是海军下士菲茨杰拉德于1835年写给柯曾·豪上尉的一份埋藏在科科斯岛上的“玛丽·迪尔”号船的财产清单。这份清单是这样写的：

我们每隔1.2米在红土层里放着：一只货物箱，内有金钱缎锦用品，以及圣体盒、圣体显供台、圣餐杯和1244颗宝石。一只货物箱，内有两个金圣物盒，重60千克，以及654颗黄玉和纯绿宝石，12颗钻石。一只货物箱，内有3个浇铸圣物盒，重80千克，里面有860颗红宝石和其他各种宝石以及19颗钻石。一只货物箱，内有4000枚西班牙多布朗（西班牙古金币）、5000枚墨西哥克朗（墨西哥古金币），以及124把宝剑、64把匕首、120副肩带和28个圆盾。一只货物箱，内有8个银匣子，3840颗已经琢磨过的宝石，4265 颗未经琢磨的宝石，以及戒指。在西北 8.5 米，在黄沙底下 2.4 米，有 7 只货物箱，内有 22 个金的和银的大烛台，重 125 千克，以及 164 颗红宝石。在西边 26 米处，在红土底下约 3 米，有一尊两米高、配戴童年耶稣像的圣母金塑像以及王冠、重 390 千克的宝石胸饰和嵌有 1684 颗宝石的金祭披。胸饰上有 3 颗 10 厘米大的纯绿宝石，王冠上有 6 颗 15 厘米大的光玉髓宝石，还有钻石十字架。

这就是汤普森埋藏在科科斯岛上的财宝。

汤普森在临死前，也许为了摆脱良心上的谴责，决定向自己的好友基廷透露科科斯岛上的藏宝秘密。他给了基廷一份平面图和有关藏宝的位置的资料。

基廷按照汤普森所说的，先后三次登上科科斯岛，带回了价值 5 亿多法郎的财宝。但是“玛丽·迪尔”号船上的主要财宝却始终没能找到。后来，基廷又将科科斯岛的秘密告诉了好友尼科拉·菲茨杰拉德海军下士。由于这位海军下士太穷，没有钱找到一条船，所以一直没能去科科斯岛。菲茨杰拉德临死前，决定将自己知道的藏宝情况告诉曾经救过自己性命的柯曾·蒙上尉。上面所提到的那份藏宝清单就是这样传出来的。不过，柯曾·蒙上尉也由于种种原因，没有去成科科斯岛。就这样，有关科科斯岛上藏宝的资料年复一年地遗赠着、传递着，后来还被盗窃过、交换出售过。在澳大利亚悉尼的“海员和旅游者俱乐部”里，保存着一封菲茨杰拉德根据基廷提供的情况写成的一份资料，描述了几名探宝者潜入水中，却一无所获的经过。

这些记载虽然很详细，但有着明显的矛盾之处。有关藏宝地点的说法莫衷一是。

1927 年，法国托尼·曼格尔船长从悉尼“海员和旅游者俱乐部”复制了这份资料。他带着得到的这些资料，曾于 1927 年和 1929 年两次去科科斯岛上寻找藏宝。托尼·曼格尔发现，汤普森标出的有关藏宝位置的数据是错误的。汤普森是在 1820 年埋藏这笔财宝的，他当时用的是一个八分仪。这种八分仪在 1820 年就被回收不再使用了，因为它有很大偏差。托尼根据 1820 年到 1823 年的航海仪表资料，校正了汤普森的数据。托尼认为，汤普森的那笔财宝就埋在希望海湾南边和石磨岛西北边的海下。托尼·曼格尔在那里还确实找到了一个在落潮时近一个小时里可以进入的洞穴！然而，由于他犯了一个不谨慎的错误，是独自一人去科科斯岛的，而在那个地方，水流特别急。正当他在水下竭力排除洞外杂物时，越来越多的水涌到了洞口，差一点把他淹死。他拼命挣扎了半天总算回到了岸上。他以为这是对藏宝寻找者的诅咒，从此再也不敢去那里冒险了。

功夫不负苦心人。1931 年，一个叫贝尔曼的比利时人，根据托尼·曼格尔的资料，在希望海湾找到了 0.6 米高的金圣母塑像。这尊金圣母塑像被贝尔曼在纽约以 11 000 美元的价钱卖掉了。

随着时间的推移，有关科科斯岛藏宝的资料越来越多，而且都自称是可靠材料。美国洛杉矶一个有钱的园艺家詹姆斯·福布斯拥有第三份平面藏宝图。他曾经带着现代化的先进器材五次去过科科斯岛，但遗憾的是，最终一无所获。

1978 年，哥斯达黎加政府以保护生态环境为理由，封闭了科科斯岛，严禁任何人挖掘。从此科科斯岛便成为寻宝者心目中的“镜中花，水中月”，人们只能望“岛”兴叹了。

当年利马城里的无价之宝究竟藏在哪里呢？也许它们仍然沉睡在科科斯岛上某个神秘的角落。只有雄鹰的锐利目光才能透过岛上谜一般的“红土”和“黄沙”，看到寻宝者们梦中的藏宝之地。

奥克兰岛的神秘海洞

公元 1886 年 5 月 4 日这天，澳大利亚的麦尔邦港里大大小小的各种船只穿梭往来，一片繁忙的景象。只见一艘叫作“格兰特将军”号的船扯起风帆，慢慢地驶出了港口，朝着茫茫的大海深处驶去。

这艘“格兰特将军”号船上有一些旅客，另外还装载着黄金、皮革、羊毛和一些别的货物。它要经过新西兰的南部岛屿，开往英国的首都伦敦。

“格兰特将军”号在海上飞快地航行。天气非常晴朗，海面上风平浪静，可以说是一帆风顺。所以，在5月13日的时候，它就已经接近了新西兰南部一个叫奥克兰的岛屿。

这时候，天色慢慢地黑了下来，风也越刮越小了。“格兰特将军”号的船长命令舵手放慢了速度，朝着奥克兰岛缓缓地开了过去。

到了半夜的时候，“格兰特将军”号的船长命令舵手把船的速度放得更慢了，然后，他就干别的事情去了。整个海面上显得特别安静，只有船桅上的绳索发出一阵阵轻轻的声响。

“格兰特将军”号又往前航行了一段路程。

这时候，一个负责瞻望的水手对值班的大副说：“报告大副，奥克兰岛就在眼前了。”大副抬起头仔细一看，船果然就要到达奥克兰岛了。于是，他传下命令，对舵手说：“改变航向，绕过奥克兰岛，继续前进！”舵手接到命令，立刻转舵。没想到，船却还是停留在原来的航向上，根本没动地方。舵手感到特别奇怪，赶紧一连转了几次舵柄。可是，船还是没动。这是怎么回事儿呢？原来，“格兰特将军”号已经陷到了强流当中。舵手正在惊奇的时候，忽然觉得船只被强流连推带拉飞快地朝着奥克兰岛冲了过去。船长发现情况不好，急忙赶了过来，他和所有的水手们心里非常清楚，“格兰特将军”号已经陷入了特别危险的境地，如果再不改变航向，就会撞到奥克兰岛上。船长和水手们急忙帮助舵手使出浑身的力气来转动舵柄。但是，不管他们怎么奋力想使船只脱离险境，都不起作用。最后，只听“轰隆”一声巨响，“格兰特将军”号终于撞到了奥兰克岛的石壁上，船舵“咔嚓”一声就被折断了。

这时候，“格兰特将军”号上的旅客们正在安稳地睡着觉，被这突如其来的声响一下惊醒了。他们一个个睡眼惺忪，穿着睡衣就急急忙忙跑到了甲板上。旅客们揉揉眼睛仔细一看，立刻被眼前的情景吓呆了。只见“格兰特将军”号正在强烈的海流当中“滴溜滴溜”不停地打着转儿。忽然，又冲过来一股海流，冲击着船转了一个大圈以后，就朝着岛屿的另一处石壁撞了过去。更可怕的是，人们发现那个石壁上隐隐约约出现了一个黑乎乎的大海洞。那个大海洞正在张着黑乎乎的大嘴，好像要把整个“格兰特将军”号吞进去。

水手们看到那个大海洞，虽然吓得两条腿一个劲儿地发软，可他们毕竟是水手，还在做着最后的努力，来挽救“格兰特将军”号，挽救船上的旅客们，也在挽救他们自己。

海流还在猛烈地冲击着“格兰特将军”号，“格兰特将军”号最后身不由己地被冲进了那个巨大的黑洞当中，前桅杆“咔嚓”一声撞到了石壁上折成了两截儿，又“轰隆”一声倒了下来，“啪”的一下砸在了甲板上。船长和旅客们感到好像是天塌地陷了一样的恐怖。接着，人们什么也听不见了，耳朵里只有那汹涌海水的吼叫声，吓得浑身哆嗦，乱成一团。他们再往周围一看，黑茫茫一片，什么也看不见，只能坐在杂乱的甲板上等待着天亮。

几个小时以后，黎明的曙光终于露了出来，天终于亮了。船长借着黎明的光线一看，“格兰特将军”号正在大海洞的洞口里边，船的桅杆紧紧地顶在海洞洞口的上部。看样子，如果不是桅杆顶在洞口上，整个船只早就被吞进去了。

现在应该怎么办呢？船长想了想，决定用救生船先把旅客们弄下船，送到岛屿上去。于是，他命令 3 个水手，放下了救生船。旅客们下到救生船上，划到了海洞的外边。

谁知道，正在这个时候，海水开始涨潮了，汹涌的浪潮猛烈地冲击着“格兰特将军”号，发出一阵阵吓人的声响。工夫不大，“格兰特将军”号的船底就被浪潮巨大的力量冲撞出了一个大窟窿，海水顿时“咕嘟咕嘟”地涌进了船舱。“格兰特将军”号开始慢慢下沉了。船上的旅客们看到这种情景，吓得不知道怎么办才好了，那些身体强壮的男人纷纷跳进海里想逃生。可是，那个黑乎乎的大海洞好像有一股巨大的吸引力一样，一下就把那些人吸进了海洞里。只有 4 个人侥幸逃到了洞外的救生船上。

这时，“格兰特将军”号上没有跳船的人，大都是一些妇女、儿童和体弱的人，大约有百人。船长赶紧叫水手们放下一艘长艇，带着他们快逃命。没想到，水手们刚刚把长艇划出洞外，迎面涌来一阵汹涌的海浪。结果，长艇被海浪“哗”的一下打人了海底，长艇上的人们几乎全都没有了性命，只有一个叫大卫·阿斯提斯的旅客和两个水手紧逃慢逃才逃到了洞外的救生船上。

海浪还在无情地冲击着“格兰特将军”号，海水还在不停地涌进船舱。最后，它终于慢慢地沉入了深不可测的海洞当中，船长和船上的人们都不见了踪影……那些逃到救生船上的人们眼睁睁地看着“格兰特将军”号沉入了海洞，心里感到又惊又怕。大副先让大家镇静下来，然后想了想说：“这附近有一个小岛，叫作失望岛。现在，咱们只能到那儿去啦。”别的水手一听，也想起了那个小岛，就说：“好，咱们就到那个失望岛去吧”。于是，大副和水手们拿起船桨，划起救生船，带着那些幸存的旅客，朝着失望岛划去。

5 月 16 日，大副和水手们来到了失望岛。他们上了岛上一看，哎呀，这个小岛和它的名字一样，真的是一个名副其实的失望岛。只见小小的岛上没有一点儿人烟，也没有人会到这么一个荒岛上来，甚至连船只也很难经过这里。大副看了看这个荒凉的小岛，又看了看大家，然后清点了一下人数。现在，他们一共有 9 名水手和 5 名旅客。大副对大家说道：“朋友们，这就是失望岛。它位于赤道以南，冬天很快就要来临了。咱们也许要在这里度过几个月的日子。”水手和旅客们知道自己的处境，就对大副说：“大副！咱们现在只有团结一心，才能战胜困难。你有什么吩咐就说吧！”大副点了点头，接着说道，“好！冬天很快就要到了，所以咱们现在必须寻找过冬的东西。”说完，大副、水手和旅客们立刻分头行动了起来。

大副在失望岛上转了一圈，看到岛上生活着许多海豹，心里非常高兴，因为海豹的肉可以用来充饥，海豹的皮可以披在身体上或者搭成棚子挡住冬天的寒冷。于是，大副连忙和水手们打来一些海豹，动手宰杀起来……

冬天很快就到了，失望岛上的生活越来越困难了。人们只能靠着海豹的肉来填饱肚子；披着海豹的皮，缩在用海豹皮搭成的棚子里，艰难地熬着漫长的时光。人们盼望着春天的来临，盼望着茫茫的海面上能够出现过往的船只。

春天终于来到了，天气逐渐暖和起来，人们每天都站在失望岛的最高处，眼巴巴地盯着海面。可是，他们盼了一天又一天，海面上连一只船的影子也没有。到了夏天，人们实在等不及了。大副苦苦地想了好几天，最后终于下定决心，到新西兰去搬救兵。他把自己的想法说出来以后，大家想了想，觉得现在什么办法也没有了，只好这么干了。这天，大副带着三个水手，登上救生船，告别了大家，朝着新西兰的方向划去。自从大副几个人走了以后，人们又开始天天都盼望大副他们早一天回来。可是，大副他们这一走，不知道碰到了什么样的灾祸，反正是再也没有回来。大家的希望又落空了。

日子艰难地过了一天又一天……

第二年春天，有一天，人们忽然发现远方的海面上出现了两艘船。他们顿时兴奋起来，一边扯着嗓门高声呼喊，一边不停地挥舞着手里的海豹皮。可是，那两艘船离失望岛太远了，船上的人们根本发现不了他们，慢慢地开走了。失望岛上的人们望着那越来越远的船只，一下瘫倒在地上，谁也不说话，只是失望地看着那水天一色的海面……

不知道过了多长时间，有一个水手站起身来，看了看大家说："朋友们，别泄气！这回咱们没有成功，原因是海面上的船只离咱们太远了。咱们得想想办法呀！"经他这么一说，大家的情绪才有了好转。这个水手接着说："我想，咱们应该赶紧动手做一只小船。如果再有船只出现，咱们就可以划着小船去追赶了，那样咱们也许就会有救了。"大家一听，觉得他的话非常有道理，立刻从地上爬起来，到处寻找木头，做起了小船。

过了些日子，海面上又出现了一艘船。这时候，失望岛上的人们已经把小船做成了。两个水手急忙登上小船，拼命地朝着那艘船划了过去。其他人拼命地喊叫，不停地挥舞着手里的海豹皮。

就这样，那艘船上的人终于发现了失望岛上的人们，失望岛上的人们终于得救了，终于结束了两年的孤独艰难的生活。

这些人得救以后，"格兰特将军"号沉船的消息很快地传播开来了。那些沉入海底的黄金立刻吸引了好多敢于冒险的人，他们组成一个个探险队，怀着发财的梦想，陆陆续续朝着奥克兰岛开了过来。

公元1890年3月26日，那个从大海洞里死里逃生的旅客大卫·阿斯提斯也带着一艘名字叫作“达芬”号的船到了奥克兰岛。这艘船上有一个船长和4个水手。有一天，大卫·阿斯提斯看看海面上风平浪静，就对船长说：“今天是个难得的好天气，咱们是不是现在就出发呀？”听他这么一说，船长赶紧说道：“好吧，立刻出发，到那个大海洞去！”

船长、4个水手和大卫·阿斯提斯驾驶着“达芬”号，一边朝着那个大海洞前进，心里一边美滋滋地想：“啊，这要是能把那些沉入海洞的黄金找到，就可以一下发大财呀，这一辈子也就可以尽情地享受了。”不过，发财的美梦不是好做的，他们从此就一去不返了。其他到奥克兰岛那个大海洞寻找黄金的探险队的船只也都一艘艘地失踪了。

那么，这些寻找“格兰特将军”号沉船上黄金的船只和人们到底又发生了什么事呢？这些问题，谁也不知道。探险队当中倒是有几个人活着回来了。可是，这几个人说，他们根本就没有发现什么“格兰特将军”号，甚至连传说中的大海洞也没有看见。这又是怎么回事儿呢？难道说，大海为了保住自己的秘密，把奥克兰岛的那个大海洞藏起来了吗？谁也说不清楚，也许这又是一个永远也解不开的谜………

五、奇异的海洋生物

四足动物起源之谜

生命起源于海洋并且在那里得到了发展，这早已是被公认的事实。但是，生物界只有摆脱了水的束缚，才能为其后的发展和进化，开辟更为广阔的天地。因此，用四条腿走路的动物的起源问题长期以来就为科学家们所关注，而且是长期以来就争论不休的话题。

在20世纪40年代，根据长期对一种总鳍鱼类化石吻部构造的详细研究之后，人们似乎认为四足动物起源于总鳍鱼类已是毫无疑问的了，而且成了现今教科书广泛采用的观点。

最初，人们认为如果总鳍鱼类是四足动物祖先的话，那么在它的嘴里就应该有与外鼻孔相通的内鼻孔，这样才能进行呼吸。瑞典著名古生物学家雅尔维克教授用连续切片的方法对属于总鳍鱼类的真55鳍鱼化石吻部做了非常详细的研究，认为它有内鼻孔。于是他认为至少在总鳍鱼类这个大家族中，有一支是具有用来进行呼吸的内鼻孔，即包括真55鳍鱼在内的扇鳍鱼类，这已是无可置疑的了。

近年来，在我国云南东部距今4亿年前所形成的岩层里，发现了总鳍鱼类化石。为了纪念我国古脊椎动物的奠基者——已故杨钟健教授，给它起了名字叫杨氏鱼，它与扇鳍鱼类有很多非常相同的地方。

按照传统的看法，它应该具有内鼻孔。我国著名古鱼类学家张弥曼教授，采用连续切片的方法对杨氏鱼的吻部进行了详细的研究后发现：杨氏鱼的口腔没有内鼻孔。在中国发现的总鳍鱼没有内鼻孔，那么，在外国发现的总鳍鱼是否真像前人所说那样，真的具有内鼻孔？她带着这个问题先后对雅尔维克教授所做的切片重新做了观察，同时对英国、德国、法国所收藏的同类化石进行了详细的研究。她发现它们均与杨氏鱼相似。

在雅氏所描述的真55鳍鱼的标本上，内鼻孔所在的部位并不完全，有的甚至没有保存下来。因此，雅氏所画出来的图都是“复原”出来的，也

就是说其真实性不强。于是人们对扇鳍鱼类是否有内鼻孔这个问题画上了一个大问号。

四足动物是用肺进行呼吸的。因此，它必须要有与外鼻孔相通的内鼻孔，这样才能使外面的空气顺利地进入到肺，保证动物对氧气的需要。张弥曼教授通过对我国云南杨氏鱼研究所取得的成果，否定了扇鳍鱼类有内鼻孔的传统看法，这样就从根本上动摇了扇鳍鱼类是四足动物祖先的论点。这是本世纪以来对这一传统的四足动物起源理论的一次真正挑战，在全世界地质学界和古生物学界引起了很大的震动。

但是，究竟哪一种类是四足动物的真正祖先，这个问题并没有结论，它仍然是科学家们十分感兴趣的问题。对此，人们必将提出各种各样的假说来替代旧的理论；新理论必将经受新的挑战，这样人们才能更接近真理，这是科学发展本身的自然规律。

当然，要解决四足动物起源的问题，除了深入开展古鱼类学的研究外，现代生物学的研究，如对现代四足动物的研究，对现代肺鱼和拉蒂迈鱼蛋白质分子序列的研究等，也许还能提供一些更为重要的线索。

美人鱼之谜

老普利尼是一位记述过“人鱼”生物的自然科学家，在他的不朽著作《自然历史》中写到：“至于美人鱼，也叫作尼厄丽德，这并非难以置信……它们是真实的，只不过身体粗糙，遍体有鳞，甚至像女人的那些部位也有鳞片。”

1990 年 4 月《文汇报》有这样一则报道：一些科学家正在竭力设法找到这一当今考古学最惊人的发现——一个 3000 年前美人鱼的木乃伊遗体的由来。一队建筑工人，在索契城外的黑海岸边附近的一个放置宝物的坟墓里，发现了这一令人难以相信的生物。这一发现的消息是由苏联考古学家耶里米亚博士在最近透露给西方的。它看起来像一个美丽的黑皮肤公主，下面有一条鱼尾巴。这一惊人的生物从头顶到带鳞的尾巴长 173 厘米。科学家相信，它死时约有 100 多岁的年龄。

1991 年 7 月 2 日，新加坡《联合日报》发表了题为《南斯拉夫海岸发现 1.2 万年前美人鱼化石》的报道：科学家们最近发掘到世界首具完整的美人鱼化石，证实了这种以往只在童话中出现的动物，的确曾在真实世界里存在过。化石是在南斯拉夫海岸发现的。化石保存得很完整，能够清楚见到这种动物拥有锋利的牙齿，还有强壮的双颚，足以撕肉碎骨，将猎物杀死。

还有一则关于美人鱼的事件：“这只动物是雌性的，大概 1.2 万年前在附近海岸出现。”柏列·奥干尼博士说。奥干尼博士是一名来自美国加州的考古学家，在美人鱼出现的海域工作了 4 年。他说：“它在一次水底山泥倾泻时被活埋，然后被周围的石灰石所保护而慢慢转为化石。化石显示，美人鱼高 160 厘米，腰部以上像人类，头部发达，脑体积相当大，双手有利爪，眼睛跟其他鱼类一样，没有眼帘。”

1991 年 8 月，美国两名渔民发现人鱼事件，报道如下：最近美国两名职业捕鲨高手在加勒比海海域捕到 11 条鲨鱼，其中有一条虎鲨长 18.3 米。当渔民解剖这条虎鲨时，在它的胃里发现了一副异常奇怪的骸骨骨架：骸骨上身三分之一像成年人的骨骼，但从骨盆开始却是一条大鱼的骨骼。

当时渔民将其转交警方，警方立即通知验尸官进行检验，检验结果证实是一种半人半鱼的生物。对于这副奇特的骨骼，警方又请专家进一步研究，并将资料输入电脑，根据骨骼形状绘制出了美人鱼形状。参加这项工作的美国埃辉斯度博士说，从他们所掌握的证据来看，美人鱼并不是传说或虚构出来的生物，而是世界上确实存在的一种生物。下面就是一些很典型的例证。

1958 年，美国国家海洋学会的罗坦博士，在大西洋 5 千米深的海底，摄到一些类似人的海底足迹。

1962 年，一艘载有科学家和军事专家的探测船，在古巴外海捕获一个能讲人语的小孩，皮肤呈鳞状，有鳃，头似人，尾似鱼。小人鱼称自己来自亚特兰蒂斯市，还告诉研究人员在几百万年前，亚特兰蒂斯大陆横跨非洲和南美，后来沉入海底……现在留存下来的人居于海底，寿命达 300 岁。

后来小人鱼被送往黑海一处秘密研究机构里，供科学家们深入研究。

1963 年，在波多黎各东南海底，美国海军潜艇演习时，发现了一条怪船，时速 280 千米，无法追踪到，人类现代科技对其无能为力。

1968 年，美国摄影师穆尼，在海底附近发现怪物，脸像猴子，脖子比人长 4 倍，眼睛像人但要大得多，腿部有快速“推进器”。

诸如“人鱼”这类海底奇异生物的存在由于有了实物作证，那么它也就由人们所谓“荒诞”“迷信”“神话”的东西转变为当前一项严肃的科学研究课题了。

因此，现在越来越多的科学家倾向于有美人鱼存在之说，有的认为是一种远古遗留下来的生物，有的认为是来自大海深处的文明居民。

然而，不知是什么原因，从地理大发现到现在，人类遇见美人鱼的机会越来越少，这种机遇几乎为零。是因为这种古老的生命已经灭绝，还是目击者不愿被当作迷信分子而保持沉默？或者是美人鱼已经藏匿深海，避开与我们人类接触？这一切，仍然像神秘的深海世界一样，笼罩着重重迷雾。

海龟识途之谜

每年端午节，湖北省中洲乡农民许先平家都会迎来一位奇特的客人——一只体形庞大的乌龟。

1980 年，许先平下湖捉鱼，不想却捞起一只龟，体重足有 1 千克。同村人出 18 元钱，想买去杀了下酒，许先平一个劲儿摇头，捧着这只龟回到家。许先平想，龟寿命很长，何不让它为自己留个名呢？于是，在龟背上刻上自己的名字和捉到它的时间，又在龟壳的四角穿上 4 个眼，戴上 4 只铜环，第二天，骑车专程把这只龟送到离家 40 千米外的洞庭湖中。

1981 年端午节，许先平正在家中收拾过节的东西，突然听到屋门“吱嘎”响了一声，过了一会儿，又听到堂屋传出“沙沙”的爬动声，还伴有呼呼的喘气声。许先平跑到屋里一看，不禁惊呆了：一只龟在堂屋里转着圈爬，身上挂着4个大铜环，背上“许先平”3个字还清晰可辨。

天哪，这不是那只放入洞庭湖的大龟吗？鬼使神差怎么又爬回来了？当天晚上，许先平特意刷干净一口大缸，把这只龟放了进去，又找来新鲜青蛙肉，一点一点挑着喂给龟吃。一个月过去了，许先平把大龟装进袋里，又送回洞庭湖。一年又一年，这只懂事的龟端午节前后都要回许先平家做客一个月，1995年回家过节时，还给主人产下12个小蛋。人们在感叹这只龟通灵的同时，不禁要问：龟是怎么找到许先平家的？

海洋里也生活着一种龟，体重都比陆上的大许多倍。海龟生活在我国浙江、福建、台湾、海南岛沿海和南太平洋、印度洋中，西沙群岛是我国产海龟最多的地方。海龟是由陆生的祖先徙移入海变化而成的，虽身栖海洋，但还未完全脱离其祖先的“癖性”，在繁殖季节仍需返回陆地，在沙滩上产卵繁殖。海龟的乡土观极强，每当南海诸岛的西南风盛行时，海龟便顺西南海流从印度洋中的印度、斯里兰卡、马来西亚一带海域进入南海诸岛礁石上交配产卵；当东北风盛吹时，又南返至印度洋一带海域了。年复一年，年年如此。

跟许先平家的陆上灵龟一样，海龟也是万里航行不迷途的海上旅行家。小海龟从乒乓球大的龟壳里破壳而出后，便跑到海洋里四处旅游。可也怪了，它一旦长大成熟，不论旅游到哪里，游出多远，总能准确地按原来的路线返回自己的出生地，绝不会走错方向。在毫无定向标志的大海中，海龟究竟是依靠什么来作为“罗盘”和导航“地图”，以致在海天一色的苍茫海洋里，准确完成长途往返呢？

根据其他回游动物的资料，可以用来作为定向的线索是很多的，像太阳及某些星体的位置，偏振光、某些气味、风向、声音以及地球磁场等，都有一定的利用价值。这里最值得一提的是地球磁场，它是动物界广泛用以定向的信息源，因为它具有许多优点。譬如说，它始终连贯如一，不管白天还是黑夜都能保持恒定，也不受天气变化的影响，所以可靠性很高。现在知道，海龟也把地球磁场作为定向的标志。

学者以刚孵出的红海龟为对象，进行人工控制磁场实验，结果发现，幼海龟有朝磁北与磁东之间方向前进的本能，如果用人为方法使磁场方向倒转，那么幼海龟游动的方向也将相应倒转。这一事实生动地表明，刚孵化出的红海龟能够感知地球磁场，并且能够据此确定自己的前进方向。

学者又发现，幼海龟在离岸移栖时，有朝着波浪涌来方向前进的习性，这一点其实并不奇怪，因为海浪进入靠近岸边的浅水区后会发生偏转，变为向着海岸线挺进，因此对着波浪游去，一般地说，都能游离岸边，进入外海，幼海龟这一习性的形成，看来正是长期适应环境的结果！当幼龟进入深海后，该处波浪的方向已经不那么固定了，此时幼龟对磁场的感知能力，取代了对波浪的感知能力，成为最重要的定向依据。

有的海龟产卵地点十分固定，不管觅食的场所路途多么遥远，最后它们都必然要回到出生地来产卵，至今尚未发现例外。像阿森松岛的绿海龟就是典型的例子，科学家认为，它们可能是依据化学物质感知能力来找到归途的。少量溶解在海水中的该岛特有物质，作为化学信号，使得“远方游子”毫无困难地感觉到家乡的准确位置，以致从来不会发生迷途事故。

除此之外，有人也曾提出，海龟是否可能像候鸟那样，根据恒星分布来进行定向？现在看来，这种可能性几乎等于零。因为学家发现，海龟的眼睛高度近视，夜间根本无法看清恒星分布的图像。既然如此，这种设想当然就没有现实性了。

总之，从上述介绍中不难看出，海龟定向是一门非常有趣的学问，不但涉及面广，而且机理微妙，引人入胜。在生命过程中，海龟尽情地利用周围环境中的各种信息源，作为自己定向的巧妙线索。根据目前所知，海龟至少在利用地磁、波浪、化学物质等方面做得非常成功。至于用什么器官（或组织）进行定向，目前不得而知。

鲨鱼克星之谜

鲨鱼是海洋里的“魔王”。当它追逐鱼群时，能一下子吞掉几十条小鱼，就连鲸这类海洋中的庞然大物也难以逃生。特别是臭名昭著的噬人鲨，不仅捕食头足类动物、较大的鱼类、海豚和海豹，而且还有袭击渔船和吃人的记录，因而得了一个“噬人鲨”的恶名，令人不寒而栗。然而，这个海洋里的“凶神恶煞”，却不得不屈服于比目鱼。

美国著名生物学家、人称“鲨鱼女士”的尤金妮娅·克拉克，在1964年到1975年间，对红海进行了一系列考察，详细研究了这种令鲨鱼望而生畏的红海鱼。这种鱼学名叫豹鳎。身上长满像豹子一样的斑点，是比目鱼家族的一种，以色列人称之为“摩西鳎”。

克拉克女士说，当一条鲨鱼游近一条被拴住的比目鱼时，它张大长满利齿的大嘴，一口咬住战利品。谁知，鲨鱼却痉挛般地闪到了一边，双眼紧闭，下巴张得很大，像冻僵了似的，再也合不拢了。紧接着，这条鲨鱼疯狂地摇摆着头，在水中痛苦地跳跃着，转着圈，不顾一切地四处狂奔，直到合上嘴巴，才安静下来。

据传说，当年的先知摩西把红海海水分开，让以色列人逃脱了埃及人的追赶。恰巧有一条小鱼正在其中，一下子把这条鱼分为两半，变为两条比目鱼。这种身体扁平的鱼，生活在红海东北部的亚喀巴湾，平时总是悠闲地躺在海底，用身上那砂岩一样的颜色和黑点隐藏起来，而谁会料到它竟然是鲨鱼的“克星”呢？

经过解剖发现，豹鳎共有240个毒腺，这些毒腺分布在它的背鳍和臀鳍基部，每个腺体都有一个小开口，乳状的毒液就从这里分泌出来。一旦受到威胁，豹鳎能在敌人咬它之前，迅速分泌出致命的毒液来。这种乳状毒液四处散发，形成10多厘米厚的防护圈，环绕于身体周围，毒液的效果可以维持28小时以上。科学家还发现，这种毒液即使稀释5000倍，也足以使软体动物、海胆、海星和小鱼在几分钟内死亡。把0.2毫升的毒液注射到老鼠体内，老鼠先是痛苦地抽搐着，两分钟后，就会一命呜呼。

美国生物学家曾把一条豹鳎，放进养有两条长鳍真鲨的水池中，试验豹鳎的防鲨性能。一条鲨鱼立即猛冲过来，张开血盆大口去咬豹鳎。突然，它使劲地摇着头，扭动着身体，样子痛苦万分。原来，鲨鱼被豹鳎分泌的乳白色毒液麻痹了，张着大嘴无法闭上。

尽管鲨鱼凶猛无比，但对这种红海豹鳎也只能望而却步。

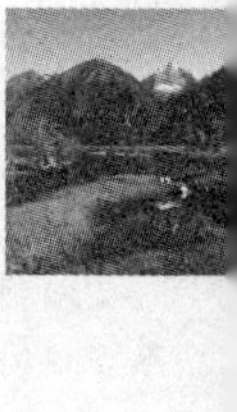

1953 年夏季，一个名叫琼斯的澳大利亚潜水员，去测试一种新式潜水服性能。当他潜入大海深处时，一条 5 米多长的大鲨鱼发现了他，并在离他 5 米左右的地方不停地游动。

为摆脱大鲨鱼的跟踪，琼斯决定向深海潜去，那条鲨鱼也跟了过来。就在这危急时刻，从一条黑暗的海沟里，突然钻出来一个巨型灰黑色圆形动物。琼斯借助潜水灯光看见，那是一个身体扁平的庞大怪物。鳍、眼、嘴一应俱全，就像一块光滑的平板，摇摇晃晃地从海底浮上来。它大得出奇，看上去比世界上最大的蓝鲸还要大得多。琼斯从未见过如此巨大的动物，吓得目瞪口呆，不敢动弹。而素有“海中恶魔”之称的大鲨鱼一见到它，也立刻吓呆了，停在水中一动也不敢动，似乎全身都变得麻木起来。那个大怪物游过来，轻轻一蹭大鲨鱼的表皮，大鲨鱼就立刻痉挛起来，完全失去抵抗能力，被大怪物一口吞掉。吃掉鲨鱼后，大怪物又若无其事地摇晃着肥大的身躯，沉到海底深渊去了。

幸运的琼斯没有被那巨大的圆形动物吃掉，他赶快浮出水面，登船逃离了这片海域。海洋科学家闻讯后曾多方考察，均无所获。这个吞吃鲨鱼的深海怪物究竟是何物，至今仍是一个谜。

海洋巨蟒之谜

1851 年 1 月 13 日早上，美国捕鲸船“莫依伽海拉”号正在南太平洋马克萨斯群岛附近海面航行。

“噢，那是什么?”

“不是鲸！从来没有看到过这种怪物啊！”

站在桅杆瞭望的海员大声惊呼起来。船长希巴里听到海员的喊声急忙奔上甲板，举起了望远镜：“唔，那是海里的怪兽！快抓住它！迅速朝怪兽靠拢！”

紧接着，船上放下三艘小艇，船长亲自带着矛，乘上小艇，朝怪兽疾驶而去。

好一个庞然大物！只见巨蟒身长足足有31米，颈部粗5.7米，身体最粗部分达15米。头呈扁平状，有皱褶。尖尾巴，背部黑色，腹部暗褐色，中央有一条细细的白色花纹，犹如一条大船，在海中游弋。船员们惊呆了！

“快刺呀！”当小艇摇摇晃晃地靠近巨蟒时，船长声嘶力竭地喊了起来。几艘小艇上的船员一起奋力举矛刺去。顿时，血水四溅，巨蟒突然受伤，在大海里翻滚挣扎起来，激起了阵阵冲天巨浪。船员们冒着生命危险，与巨蟒进行了殊死的搏斗。最后，巨蟒终于寡不敌众，力竭身死。

希巴里船长把海蟒的头部切下，撒下盐榨油，竟榨出十桶水一样透明的油！但是，遗憾的是“莫依伽海拉”号在返航时船员遇难，下落不明。

不仅在太平洋、大西洋、印度洋，甚至连非洲附近的海上也有许多人看到过巨蟒。

1827年8月，曾经在美国马萨诸塞州格洛斯特港的海面上目击海洋巨蟒的所罗门·阿连船长这样叙述道：“当时像海洋巨蟒似的家伙在离港口130米左右的地方游。这个怪兽长40米，身体粗得像半个啤酒桶，整个身子呈暗褐色。头部像响尾蛇，大小同马头。在水面上缓慢地游动着，一会儿绕圈游，一会儿直游。巨蟒消失时，笔直钻进海底，过了一会儿又从约180米远的海面上重新出现。”

船上的木匠玛休、伽夫涅、达尼埃尔、伽夫涅兄弟俩和奥嘎斯金、维巴等人同乘一艘小艇去垂钓时，也遇到了巨蟒。玛休在距离它20米左右处用步枪瞄准它开枪。他这样讲述当时的情形：

“我在怪兽靠近小艇约20米左右的地方开了枪。我的枪很好，射击技术也完全有把握，我是瞄准了怪兽的头部开枪的，肯定命中了。怪兽就在我开枪的同时，朝我们这边游来，一靠近，就潜下水去，钻过小艇，在30米远的地方重又出现。怪兽不像鱼类往下游，而像一块岩石似的沉下去，笔直笔直地往下沉。我的枪可以发射重量子弹，我

是城里最好的射手，当时清楚地感到射中了目标。可是，海洋巨蟒却好像丝毫未受伤……”

1848年8月6日，英国巡洋舰“迪达尔斯”号的水兵们也目击了海洋巨蟒。他们从印度返回英国的途中，在非洲南部约500千米以西海面上遇到了巨蟒。

“在舰艇侧面发现怪兽正朝我们靠拢！”瞭望台上的实习生萨特里斯大声叫了起来。舰长和水兵们急忙奔到甲板上，只见距离军舰200米左右的地方，一条怪兽昂起头，露出水面的身体部分长20余米，正朝着西南方向游去。舰长拿出望远镜，紧紧地盯住这条举世罕见的怪兽。他把这天目睹的一切详细地记载在航海日志上，到了英国本土，就把它和亲眼所见的怪兽画像交给了海军司令部。类似的目击事件不胜枚举。

1875年，一艘英国货船在洛克（音译）海角发现巨蟒，当时它正与一条鲸鱼搏斗。

1877年，一艘游艇在格洛斯特发现巨蟒，在距艇200米的前方水中回旋游弋。

1905年，汽船“波罗哈拉”号在巴西海湾航行时，发现一条巨蟒正与船只并驾齐驱，不一会儿，如潜水艇般下沉，在海中消失。

1901年，在洛答里（音译）海角，一艘英国拖网船发现一条巨蟒，它正抬起镰刀状的头部，朝船只袭来。

1936年，在哥斯达黎加海面上航行的定期班船上，有八名旅客和两名水手目击巨蟒。

1948年，一艘在肖路兹（音译）群岛海面上航行的游览船，有四名游客发现身长30余米，背上长有好几个瘤状物的巨蟒。

据说75年前，摩纳哥国王阿尔倍尔一世为了捕获海洋巨蟒，还建造了一艘特别的探险船。船上装备了直径5厘米，长达数千米的钢缆和能吊起一吨重物体的巨大吊钩，并以12头猪作为诱饵，可惜未遇而归。

虽然迄今为止，有许多人目睹过海洋巨蟒，它究竟是何类动物，还是一个谜。它会不会像空棘鱼一样，有朝一日重新被人们发现呢？

巨型鱿鱼之谜

很多航海家都有过看到“大海怪”的记载。而据海洋生物学家分析，所谓“大海怪”是一种生活在深海的巨型鱿鱼。可是，研究人员不仅没有见过活的巨型鱿鱼，连它的照片都没有拍到过。最近，科学家在巨型鱿鱼的研究方面接连取得了巨大收获，他们不仅拍到了“大海怪”的照片，还发现了它们的性秘密。

前不久，世界主要媒体都报道了这样一条新闻：科学家在有“大海怪”之称的巨型鱿鱼的天然栖息地首次拍到了它的照片！人们首次一睹这种地球上最神秘的动物的尊容。

这种“大海怪”很早以前就是一种具有传奇色彩的动物。1973 年，挪威的卑尔根主教提到了一个大型“怪物”，大得足以撞碎最大的军舰。他描写了一条巨大的鱿鱼是如何攻击尼莫船长的“鹦鹉螺”号潜艇的。

后来，科学家分析认为，这种所谓“大海怪”其实是一种巨型鱿鱼，只不过这种海洋动物生活在深海里，人们很难见到而已。但从冲上海岸上的残尸可以断定，巨型鱿鱼是世界上最大的也是最高级的无脊椎动物，成年的巨型鱿鱼长达 18 米多，还有两条长长的触须，伸展开有身体的三分之二长。直到现在，人们唯一一睹这种动物的机会是它们的尸体被冲上海岸或者被渔具缠住后被拖到海面上。成年的巨型鱿鱼从来没有在它们的天然栖息地被看到过，而且所有有关它们的信息都是来自已经死亡的鱿鱼。

然而，日本东京国家科学博物馆和小笠原鲸观察协会的研究人员在英国皇家学会的学报上宣布了一条重要消息：他们成功地拍到了巨型鱿鱼的照片！日本研究人员发表的研究论文中说，他们使用了一个数码相机以及诱饵，放进北太平洋小笠原群岛附近海域 823 米的深处。这个研究小组用专门捕食鱿鱼的抹香鲸作为向导。

每年的 9 月至 12 月，抹香鲸就会潜到小笠原群岛的深水区，小笠原鲸

观察协会在过去的10年里收集到的数据显示，这些鲸聚集到父岛列岛东南的一个深且陡的大陆架上。寻找鱿鱼的研究人员把混合了数码相机和诱饵的系统穿在一起放到了抹香鲸喜欢捕食的地方，数码相机每30秒拍一张照片，连续拍摄了5小时，研究人员从拍摄的图像中第一次看到了这种非同寻常的巨型海洋动物。

一条约7.6米长的鱿鱼抓住了诱饵周围的一个圆球，结果被用来挂诱饵的钩子钩住了，在接下来的80分钟里，那条鱿鱼把相机向上拖拉。大约过了4个多小时后，那条被困鱿鱼终于挣脱了，留下了一块触须。科学家对其进行了DNA测试，最后确定，被钓住的海洋动物正是巨型鱿鱼。

一些人猜测这种动物随洋流漂流，它们的触须就像钓线一样摇摆不定，但是这份研究报告却打破了人们认为鱿鱼行动迟缓的说法，它们其实非常活跃，也非常积极主动。研究人员在论文中写道："触须卷住了那个不规则的球，就像大蟒蛇捕住猎物后会立即用身子卷住猎物一样。"

英国南极考察队的鱿鱼研究人员马丁·柯林斯博士说，日本人的这一研究将给有关鱿鱼是被动猎手还是主动猎手的争论画上句号。他说："有人说，巨型鱿鱼随洋流漂流，碰到什么抓什么吃，而这份研究报告的证据显示，它们非常积极主动，触须会飞快地伸出来抓住猎物，从它们缠住相机并把相机甩开来看，它们相当有力量。好长时间以来人们就试图拍摄巨型鱿鱼的照片，比如人们把相机绑在抹香鲸头上，在终于最后成功地拍摄到它们的照片前，人们一直认为这是一个幻想。"

在拍摄到这些图片公开发表之前，科学家捕捉到的唯一一条巨型鱿鱼是只有2.54厘米长的幼年鱿鱼，它是新西兰惠灵顿的国家水利和大气研究协会的史蒂夫·奥什亚博士捕到的，地点是在新西兰东部240千米的6米水下。DNA检测证实，那个怪物就是未成年的巨型鱿鱼。它远没到成熟期，因为成年的鱿鱼重达一吨，眼睛有一个盘子那么大，直径约25.4厘米，是动物王国中眼睛最大的。

无独有偶，在另一项研究中，海洋科学家也对这种深海最神秘的动物的性生活有了重大发现。由于最近西班牙的大西洋海岸洪水泛滥，5条巨型鱿鱼的尸体——其中一条长达12米，在一个星期之内相继被冲到了比斯开湾的沙滩上。科学家利用这个难得的机会，展开了一系列研究，才对这种海洋动物有了突破性了解。

研究报告称："这种巨型鱿鱼不但是文化和媒体偶像，而且是科学谜团。它是地球上尚存的最大的无脊椎动物，但无论在生物学还是生态学方面，我们对它的了解都还是零碎的。所以每次这种巨型鱿鱼被冲到岸上，或被渔网网住，都会给我们带来很多宝贵的信息。

最近在西班牙大西洋海岸洪水泛滥后发现的巨型鱿鱼，给研究深海生物独特性行为的科学家带来新的启示。尽管以前没有人亲眼看到过巨型鱿鱼的交配情况，但一般认为，雄性鱿鱼把它的精液射到雌性鱿鱼的'爪'上这是一个非常暴力的过程，因为有的雌性鱿鱼并不情愿这样做。雌性鱿鱼是雄性鱿鱼体重的三分之一，对于巨大的雄性鱿鱼来说这确实是个难题。"

现在科学家发现，雄性鱿鱼其实不必太靠近雌性鱿鱼，就可以把精液射到它们身上，因为雄性鱿鱼有一根特别长的性器官，几乎和鱿鱼的身体一般长，可以像高压水枪一样，将精液射得很远。但是，操纵这么长的性器官肯定也是一件很麻烦的事。

在西班牙海搁浅的两条雄性鱿鱼中的一条偶然把精液射到了自己的腿和身体上，这显然不是孤立的事件，因为在大西洋东北部搁浅的 8 条雄性鱿鱼中有两条在搁浅之前就已经把精液射到了自己的身体上。精液也可能是来自其他的雄性鱿鱼。雄性鱿鱼的这种射精方式仅仅是这种深海中的动物的神秘生活的一部分。

16 世纪以来，全世界有记录的大鱿鱼种类不到 600 个，被发现的大多数都是在大西洋东北部以及新西兰、澳洲海岸搁浅的，最长的 18 米，体重达 900 千克。研究人员说："多年来很多研究人员希望成为拍到深海巨型鱿鱼的第一人，但所有努力都没有成功。"正当西班牙的一个远征队正在筹划到深海水域拍摄巨型鱿鱼的时候，日本的研究人员突然宣布，他们已经成功地拍到了巨型鱿鱼。然而，这只是向完全揭开这种深海动物的神秘面纱迈出的一小步。

欧哥波哥怪物

尽管一提到湖怪，映入人们脑海的第一个名字可能是尼斯湖，但是比起苏格兰和斯堪的纳维亚的众多湖泊，加拿大的湖泊也许提供了一个更富有成果的研究领域。许多可信的目击者都报告过，他们在加拿大的既深又神秘的内陆水域中见过奇怪的生物，并且这些报告是经常不断，而且是来自最近时期的。

远在欧洲人到达这里之前，土生土长的加拿大人就已在他们自己的历史中对湖怪做了大量的解释性陈述。尤其常常提到的是欧哥波哥怪物，据报告它是来自奥卡纳贡湖。这个湖很深，全长有128千米，在太平洋沿岸的英属哥伦比亚。

这个众所周知的名字更像20世纪歌厅里的一首曲名，而与奥卡纳贡湖的关于那个怪物起源的真实传说联系不多。这个传说未必是真实的，一个叫老肯海克的人在这湖的附近被谋杀，人们便用他的名字命名这个湖，借以纪念他。上帝将这个凶手变成一条巨大的水蛇来惩罚他，并且判决他永远地以这种模样留在他犯罪的现场。

传说中，这个怪物生活在响尾蛇岛附近的“暴风角”海面的深水岩洞中，当地的人们向水中投入小动物作为食物以平息这个怪物。这很像芬兰神话故事中的一段，在这个神话中，一个长得像巨大青蛙的动物称之为“伏迪亚诺”的水怪，时常出没于磨坊的水塘。磨坊主们往往把毫无戒备的旅行者扔进水中，喂食他们当地的“伏迪亚诺”，从而保护自己和他们的家人。

还有，根据古老的奥卡纳贡传说，在这个湖的两端以及这个水蛇喜欢出没的响尾蛇岛和传教河谷之间，人们都曾见过它。

关于奇异的水栖生物的民间传说已遍及了加拿大和北美洲。上百个湖泊流传着它们自己的关于怪物栖息的故事。新斯科舍省的密克马克族人有一个他们称为大水蛇的传说，居住在密克马克族人西部的阿尔冈昆族人也有这样的传说。密克马克人还有许多关于半人半鱼动物的神秘传说。

在密克马克人的一个古老的传说中，英雄威斯蒂普拉娶了一位美丽而神秘的海妇人，它是虎鲸的妹妹。只要他把它留在内陆上，它就能以人的模样陪伴他。若是它再次来到海滩，它就将恢复原貌，并带走他们的孩子，随它返回海洋中的虎鲸家庭。在共同生活了多年以后，他们遇上了一次大的暴风雨，并迷了路，他们没有办法，回到了海边。在海边咒语被破除了，他失去了它，它又一次回到了它在海里的同类中间。纽约州北部的艾丽奎人讲述了一个叫“大水兽”的故事，而印第安纳州的波塔瓦托米人也有怪物居住在“大神湖”的传说。在19世纪中期，波塔瓦托米人强烈反对在当地建造一个磨坊，因为那将严重妨碍这个水兽。

再往西部去，肖尼人有一个独特的传说，那就是很久以前他们的一个伟大的英雄巫师同一个半鱼样的怪物进行过决斗。一个年轻的姑娘参与了此事，并且在使英雄打败怪物的过程中起了决定性作用。这个故事与下面的传说有着非同寻常的相似之处：圣·乔治龙口救公主；宙斯的儿子柏尔修斯救安德洛墨达；底比斯的卡德摩斯在雅典女神的帮助下杀死了一怪物；女巫美狄亚帮助费森战胜怪物，保护金羊毛。它甚至和关于凯瑟琳·德梅迪西的离奇的故事相似。这个故事讲的是富有而又生活乏味的凯瑟琳·德梅迪西获得了一个“水怪”，并在一次水节上用它来招待客人。

对于俄勒冈州威拉米河的卡拉布亚人，阿塔基是他们熟知的当地水怪的名字，但是关于“尚普”这个名字可能有些含混之处。“尚普”是尚普兰湖里著名怪物的名字，人们猜测这个湖是法国伟大的探险家塞缪尔·德尚普兰于1609年发现的。这位可敬的法国航海家和无所畏惧的冒险家的确提起到他遭遇过一个可怕的水怪，但这是在更远处的圣劳伦斯河口东北方向上。

如果说多数的目击情况都是真实的，或充其量是由诚实可敬的观察者们所犯的诚实的错误，那么，发生在纽约州银湖旁边佩里地方的事件则是一个露骨的骗局。1855年，关于湖中有一怪物的报告在当地肆意流传，并引起了极大的轰动。这些目击情况持续了两年多的时间，并且自然地吸引

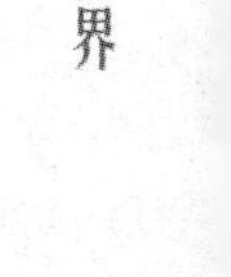

了许多游客。之后，当地的一家旅店发生了一场火灾，当消防队赶来灭火时，他们在顶楼里发现了这个“湖怪”。旅店店主制造了这个怪物，并用压缩空气来运转它。店主希望它在银湖上出现会吸引游客并改善他的生意。是的，这两个目的都达到了。在当初的愤怒和失望过去以后，现在佩里的居民们每年都举办一个节日，以纪念这位大胆的旅店老板的独出心裁。

关于龙王鲸、械齿鲸和欧哥波哥怪物的认真而又详细的报告往往会同意这个说法，那就是这个怪物是体长 21 米的某种东西。它的身体大约有 0.6 米厚，它的头被许多目击者描绘为长得像马、牛或羊的头，而马是被用来做比较次数最多的。

有位目击者在奥卡纳贡湖游泳时，真的撞上了一个又大又重的东西，当时她是十几岁的孩子。她向“国际隐居动物学学会”的小理查德·格林威尔做了全面的报告。为了隐匿她的身份，就简单称她为“B. 克拉克夫人”吧。她告诉格林威尔说，事情发生在 1974 年 7 月的一个温暖的早晨，时间大约是 8 点，当时她正在湖中向一木筏游去，那木筏被用作跳水平台，距湖边有 457 米。在她几乎触到木筏的时候，这时她感到有什么东西碰到了她的双腿。无论它是什么，都是庞大的、很结实的和很重的东西。遇上这种意外的水下碰撞，她吃惊与恐惧的样子是可想而知的，她尽其所能快速地爬上了木筏。那个欧哥波哥怪物距离她不足 61 米，而且湖水是清澈的。据她的描述，那怪物有一个峰或一个盘状的东西，就像来自苏格兰尼斯湖报告中常常提到的那个大怪物。

根据“克拉克夫人”的描述，那个峰或盘状的东西有 2.7 米或 3 米长，露出水面将近 1.5 米。当她观看时，它正在水中向前移动。她说它当时正在离开她，向北游去。她看到的尾巴大约在隆峰后 3 米的地方，她说那尾巴就像鲸鱼的尾巴，即那尾巴是水平状的，并几乎明显地分为两个部分。她估计大约有 1.8 米宽。这个怪物的部分游水方法是，当隆峰或盘状物进到水里时，它的尾巴便拍起来。“克拉克夫人”想起来，那尾巴曾有一度露出水面几英寸，也许接近 0.3 米。她看了这个怪物有四五分钟，可是她发现很难将它归类。在某种程度上，它让她想起的是鲸鱼而不是鱼，但是她也觉得，它作为一条鲸鱼又有点太苗条了。身体的颜色是深灰色，给她的印象是没有脖子，就像鱼一样，头与身体是相连的。

但是，隐居动物学专家们认为，尽管这种原始鲸鱼的化石记录表明它已灭绝了至少有2000万年，但它的确存在过。通常，人们把它归类为龙王鲸或者械齿鲸。

当欧洲定居者们在19世纪中叶来到奥卡纳贡时，他们从土生土长的加拿大人那里得知，在这个地区，一种大型的蛇状的怪物，即他们称的那伊塔卡，就住在这个湖里。这就是传说中所说的曾经是凶犯的人。

在19世纪70年代，人们在湖的两边都同时观察到它，随后有关的目击者描述说，它看上去像是一个浮动的原木，突然间有了生命，并开始独自地顶风逆流而游。

19世纪50年代，某种东西攻击了正在穿越奥卡纳贡地区的一位商人。这种东西与已知的动物学形式或与龙王鲸或械齿鲸的进食习惯截然不符。这位商人坚持认为是某种要么有手或触手的巨大的水兽把他拉进水里，但是他努力挣脱得以逃了出来。然而，那些马却没那么幸运，它们全都淹死了。几年以后，约翰·麦克道格也遇上了类似的事情。他也是奋力挣脱并得以逃生，但他的马在这场与那伊塔卡的搏斗中丢失殆尽了。

没有什么东西可以阻止两类完全不同的水怪居住在奥卡纳贡湖，数量较少的喜欢吃马肉的食肉动物也许靠吃食草动物为生，尽管更可能的是，侵犯性较弱的种类可能是吃鱼的一类，而不是吃水草的那一类。

两种或更多种类的水怪共存的可能性（也许一类靠吃另一类为生）被1949年7月2日的记载所证实。当时一群目击者坐在一条船上，船紧靠奥卡纳贡湖边，他们报告说看见了龙王鲸的标本，它的一部分浸在湖水中。这些目击者看到它时，距离它大约有27米，他们描述它的尾巴是叉状并且是平的，与“克拉克夫人”在1974年看到的完全一样，而且它的运动呈起伏状。他们报告说那个怪物的头在水下，并且推断在他们观察它时，它正在进食。

奥利弗·古德史密斯在他的名著《地球与动物界的历史》一书中对鲸鱼的天敌做了如下的评述：

还有另一种被新英格兰称为杀手的更凶猛的敌人，它就是逆戟鲸。它

本身是鲸目动物，长有强壮有力的牙齿。据说这些鲸会围住一条鲸鱼，就像许多狗围着一头牛一样。有些用它们的利齿从后面进攻，有些在前面攻击，直到那个大的动物最后被累垮……据说它们很有力气，一条鱼就能拖住需要几艘船才能拖住的死鲸鱼，并把它拖到海底。

1959 年 7 月，米勒和马汀的家人见到了有可能是械齿鲸的亚种，但他们描述得很清楚，那就是它的头长得像蛇，而不像牛类或马类的头。在他们游湖返回的时候，它就在他们的摩托艇后面游动着。当时正在掌舵的马汀先生调转船头，朝那怪物驶去，以便他们能靠得更近，看得更清。这时，一直跟在船后的这条械齿鲸似乎对船感到气馁了，而不愿再做任何进一步的接触。当他们从大约 55 米的距离观望时，它慢慢地潜入水中，从他们的视线中消失了。当时也在船上的 R. H. 米勒是《维尔农广告家》杂志的编辑，他亲眼目睹了这个怪物，并毫不迟疑地将它公布于众。

1968 年，一群年轻的滑水者乘坐时速为 35 节（约 65 千米）的动力快艇，亲眼目睹了怪物出现。谢莉 · 坎贝尔在离她不远的地方，看到了一头械齿鲸身体的中段，大约有 6 米长，这头鲸正在晒太阳，她没有看到它的首尾。她的注意力被分散了，手中的滑水绳也脱落了，这并不令人感到意外。等快艇转回来救她的时候，这个欧哥波哥怪物已移动了。谢莉说她已经清楚地看到蓝、绿、灰色的鱼鳞，在阳光下闪闪发光，就像一条红色的鳟鱼。在它潜入水中之前，这些滑水者已到它身边几米的地方了，这时它快速地遁去了。他们试图驾驶快艇赶上它，但是它的速度比他们时速 35 节的快艇还快，不久他们便看不见它了。

另一个目击报告来自一位加拿大渔业巡逻船的船长，他说它更像是一个长着羊头的漂浮的电线杆。

来自蒙特利尔的两个游客沃森和克雷将他们所见的东西描绘为体长 9 米，背上长有 5 个波浪形的驼峰，每个驼峰有 2 米长，身体呈弯状的物体。驼峰的间隔大约为 1 米。他们说它的尾巴呈叉状，但他们只看到有一半尾巴露在水面上。

如此之多的湖怪，它们到底哪些是真的，哪些是假的？抑或全部是真的，全部是假的？大海里，真的会有尚未被人类认识的庞然大物吗？

众所周知，在生物学领域，自从生物学家林奈1758年发明了生物分类的双名命名法以来，用拉丁语登录的全世界的动植物名字已有150万种了。几乎所有的动植物都包括在门、纲、目、科、属、种的6个等级里。但是在自然界里，今天仍然有我们没有发现或者不认识的动物。尤其是浩瀚的大海，更是神秘莫测。那么，大海里有怪兽吗？很早以来，人们就传说大海里有神秘的怪兽：有的说是像蛇一样的巨大海兽，有的说像个大爬虫，还有的说是有点像人的恐龙鱼。这是耸人听闻的小道消息吗？

最早知道海兽的是以前在北欧海面上行凶打劫、称王称霸的海盗船。他们在船头上装饰了海兽的头像，用以避邪并威吓人们，这使海兽带上了神秘的色彩。

早在公元前4世纪，古希腊哲学家亚里士多德就在自己的著作中写道："沿着海岸航行的海员们说，他们看见了许多牛的骨头，它们是被海蛇吃掉的。因为他们的船继续航行，遭到了海蛇的攻击。"后世的许多著作中都记录着类似的情节。

1734年，一个叫汉斯·艾凯德的船员，在他们的航船从挪威到格陵兰去的海面上，近距离目击了一个怪兽：头尖尖的，长脖子，身体像大木桶那样粗，弯弯曲曲的像蛇一样……他随即画出了一张这个怪兽的草图。这张图一发表，就轰动一时，人们给这个怪兽起了个名字，叫"Sea－serpent"，意思是"海蛇"。这可以说是最早关于怪兽存在的一个证据了。

这之后，发现怪兽的事越来越多。在世界许多国家舰船的航海日志上，都有着发现怪兽的记录。这些航海日志连同船长、舰长向本国政府所写的发现怪兽的书面报告和草图等，至今已有上千件了。而相信海洋里有怪兽的人，多是各国的船员，他们不少人都亲自看到过。他们把怪兽叫作"海蛇"或"海龙"，并把发现经过记录到了航海日志的档案里。

1848年一天，英国军舰"德塔鲁斯"号航行在离南非最南端大约500千米的海面上。值班员突然大声喊道："快看！军舰侧面，有一个奇怪的东西！"从舰长到水兵都跑到甲板上来了。

在离军舰200米左右的地方，一只惊人的怪兽，抬起近2米长的颈和头，游了过去。舰长用望远镜仔细观察了怪兽的形状，这是常年航行在海上的“德塔鲁斯”号的船员们从来没有见过的。

舰长把这一天的事件详细地记人了航海日志，并在回到英国后，向英国海军部做了报告。根据报告中所载的目击者的推断，海兽大约有18米长。1904年，德国军舰“德西”号停靠在阿龙湾，在离船300米的地方，发现了一只怪兽。舰长写在航海日志上的话是：“我们看到了怪兽，身长约30米，皮肤呈黑色，身上长满了疙瘩，头像巨大的海龙的头，不久就消失了。除了我以外，很多军官和水兵都看到了。”

1905年，人们得到了一个比较可靠的观测记录，因为当时有两个英国动物学家协会的成员在巴西海岸亲眼目睹了海蛇。他们是梅河德·瓦尔多和米切尔·尼柯尔。瓦尔多后来写道：“我看到了一个很大的鳍，或者是（动物的）脊背钻出了水面。它是深褐色的，身上有皱皮。它大约有1.8米，露出水面半米左右，我能看到水下的褶皱身体。接着一个大脑袋和脖子伸出了水面，脖子有人身体那么粗，脑袋呈龟状，有眼睛。它以一种独特的方式从一方向另一方移动。它的头和颈是深棕色的……在14个小时内，除我们两位动物学家外，船上的其他人也都看到了那个‘海蛇’。它虽然静静地游着，但比船的速度快（当时那艘船速约为8.5节），那么它的游水速度至少大于每小时16千米以上。”

1924年，约翰·洛克哈特在他的《神秘的海洋》一书中写道“大多数见证人都认为海蛇有着突出的特征：它是一种长蛇形动物，有一系列的峰起隆肉，头部像马；其颜色上部较深，下部较浅；移动时起伏波动；在夏季出现……它是无害的，从未对人发起攻击。”

1934年，在加勒比海大西洋航线上航行的豪华客船“毛里塔尼亚”号的船员们也曾几次发现过海蛇。

根据记录，在北大西洋、非洲南部海域、巴西海面、加勒比海、日本近海、中分化开的中国南部的北部湾、印尼海域、俄罗斯海域和新西兰附近的南太平洋里，来往的渔船和客船都曾有过类似的记录，都曾发现过怪兽的踪影。船长的报告也好，船员的说法也好，怪兽的形状不外乎两种，有的说像个大海蛇，有的说像蛇颈龙……但是，由于只是少数人看到，而且从来没有捉到一只活的怪兽，所以习惯于传统观念的人们总是不相信有什么怪兽存在。

前文所述的太平洋怪兽尸体的发现，已经过去20年了，但是人们还是期待着再次发现太平洋怪兽，而且最好是活着的。

尽管后来有的报刊曾经登过一些消息说，有一些渔船在丢弃怪兽的海域里多次搜寻，捞上来了鲨鱼和鲸的碎骨，并认为那就是太平洋怪兽腐烂后分解的骨骼，由此得出所谓“太平洋怪兽”根本不存在的结论。然而反对者认为，无法证明那些碎骨就是照片上完整怪兽的一部分。看来，人们还是习惯于遵循现有的知识，很难相信自己没有见到的事物。

不管怎么说，这个怪兽的发现，为人类提供了一个重要线索：大海里还有我们没见过的庞然大物呢！

现在，生物学家们都眼睁睁地盯着南太平洋这一带海域。根据海流等因素，有人推测怪兽可能生存在新西兰东北方的立阿莫群岛附近一带海域；还有人猜测，这头怪兽之所以死去，大概是因为法国在附近塔希提岛进行核试验所致。

人们对怪兽重现的期待是有理由的，因为海洋是生命的摇篮，世界上现存的动物可以分为26门，而所有主要门类的动物，在海洋里都可以找到。怎么可以设想，怪兽就只有一个呢？

还应该指出的是，像新西兰、澳大利亚、马达加斯加、加拉帕戈斯群岛这样与大陆隔离的孤岛，有许多特有的动物，其中不少正是史前动物的后裔。这些动物按照自己的方式进化，独自生活了几千万年并保存了下来。那么，为什么我们不能期望一种史前动物在生活条件更理想的海洋里出现呢？

鲸类“方言”之谜

由于居住的地域不同，人类会形成各种各样不同的方言。那么，海洋动物有没有方言呢？科学家们发现，海洋动物尤其是鲸类不仅像人类一样有“语言”，而且也有不同的“方言”。在鲸类王国里，要数海豚家族的种类最多了，全世界共有30多种。海洋学家发现，海豚发出的叫声共有32种，其中太平洋海豚经常使用的有16种，大西洋海豚经常使用的有17种，两者通用的有9种，但有一半语言却互相听不懂，这就是海豚的“方言”。因此海洋学家认为，海豚不仅可以利用声波信号在同种海豚间进行通讯联络，也可以在不同种类的海豚间进行“对话”。虽然它们不能做到完全理解，不过也能达到似懂非懂的程度。现在还没有人能听懂海豚的哨音，无法理解它们的通讯内容。有人推测，这种聪明的动物也可能具有类似于人类语言的表达能力。

体长11~15米、平均体重25吨的座头鲸非常善于“交谈”，不仅能“唱”出使人萦绕心头的优美歌声，而且能连续歌唱22个小时。虽说渔民们早就知道座头鲸会“唱歌”，但人们对其歌声的研究却起步较晚。1952年，美国科学家舒莱伯在夏威夷首次录下了座头鲸发出的声音，后经电子计算机分析，发现它们的歌声不仅交替反复有规律，而且抑扬顿挫，美妙动听，因而生物学家称赞它为海洋世界里最杰出的“歌星”。座头鲸的鼾声、呻吟声和发出的歌声，都可用来表示性别并保持群落中的联系。一个“家族”即使散布在几十平方千米的海面上，仍能凭借歌声了解每一个成员所在的位置。座头鲸的嗓门很大，音量可达150分贝，有些鲸的声音甚至能传出5千米以外。

如果说座头鲸是鲸类世界里的“歌唱家”，那么虎鲸就是鲸类王国中的“语言大师”了。科学家的最新研究表明，虎鲸能发出62种不同的声音，而且这些声音有着不同的含义。更奇妙的是，虎鲸能“讲”不同“方言”和多种语言，其“方言”之间的差异既可能像英国各地区的方言一样略有不同，也可能如英语和日语一样有天壤之别。这一发现使虎鲸成为哺乳动物中语言上的佼佼者，足以和人类或某些灵长类动物相媲美。

十多年来，加拿大海洋哺乳动物学家约翰·福特一直从事虎鲸的联系方式的研究。他对终年生活在北太平洋的大约350头虎鲸进行了追踪研究。这些虎鲸属于在两个相邻海域里巡游的不同群体，其中北方群体由16个家庭小组所组成。由于虎鲸所发出的声音大部分处于人类的听觉范围内，所以，利用水听器结合潜水观察，能比较容易地录下它们的交谈。

福特认为，虎鲸的“方言”是由它们在水下时常用的哨声及呼叫声组成，这些声音和虎鲸在水中巡游时为进行回波定位而发出的声音完全不同。科学家对每一个虎鲸家庭小组的呼叫，即所谓的“方言”进行分类后发现，一个典型的家庭小组通常能发出12种不同的呼叫，大多数呼叫都只在一个家庭小组内通用。而且在每一个家庭小组内，“方言”都代代相传，但有时家庭小组之间也有一个或几个共同的呼叫。虎鲸还能将各种呼叫组合起来，形成一种复杂的家庭“确认编码”，它们可以借此编码确认其家庭成员。尤其是当多个家庭小组构成的超大群虎鲸在一起游弋时，“编码”就显得特别重要。由于虎鲸方言变化的速度极慢，因而形成某种“方言”所需的时间可能需要几个世纪。

当然，动物界的语言不可能像人类语言那样内涵丰富，但不能由此否定它们的语言的存在。由于人们传统地认为语言是人类的特点，因而对客观存在的动物语言研究极少，所知甚微。目前，科学家已发现鲸类的语言和方言，可见方言并不是人类所特有的。科学家们正致力于研究和理解动物界的独特语言，充当动物语言的合格译员，这对于探索动物世界的生活方式及其奥秘，无疑有着重要的意义。

太平洋怪兽之谜

1977年4月25日，日本大洋渔业公司的一艘远洋拖网船“瑞弹丸”号，在新西兰克拉斯特彻奇市以东50多千米的海面上捕鱼。当船员们把沉到海下300米处的网拉上来时，一只意想不到的庞然大物“呼”的一下和网一起被拉了上来。网里是一具从来没有见过的怪兽的尸体，由于被网套着，看不清它的全貌。于是，他们把绳索拴在怪兽尸体的中部，用起重机把它吊了起来。一股强烈的腐臭从尸体中散发了出来，尸体上的脂肪和一小部分肌肉，拉着长长的黏丝掉在甲板上。

一时间，船内一片骚动，现在人们看清楚了：这是一个类似爬虫类动物的尸体。尽管已经开始腐烂，但整个躯体却保存得很完整，可以清楚地看到它有一个长长的脖子，小小的脑袋，大大的肚子（腹部已空，五脏俱无），而且长着4只很大的鳍……用卷尺测定的结果表明，怪兽身长大约10米，颈长1.5米，尾部长2米，重量约2吨，估计已死去一个月（事后经研究分析，认为已死半年到1年之久）。

它既不是鱼类，也不像海龟，在海上捕鱼多年的船员谁也不认识它。大家发出了惊奇的议论："这和尼斯湖里的蛇颈龙不是一样吗？"

"是尼斯湖的怪兽——尼西吧？"

……

闻讯赶来的船长，见大家在欣赏一具腐臭的怪物，大发雷霆，他担心自己船舱里的鱼受到损失，命令船员们立即把它丢到海里去！

幸好，随船有位矢野道彦先生，觉得这个发现不寻常，在怪兽抛下大海之前，拍摄了几张照片并做了相关记录。

消息传到日本，顿时轰动全国，尤其是动物学家、古生物学家们更是兴奋，他们看了照片，进行了分析，认为："这不像鱼类，一定是非常珍贵的动物。""非常惊人呀！这是不次于发现矛尾鱼那样的世纪性的大发现。""本世纪最大的发现——活着的蛇颈龙"……消息也立刻传遍了全世界，各国报刊都很快转载了照片，发了消息。这件事引起各国著名生物学家极大的兴趣和关注，他们都对此发表了感想和谈话。

把怪兽尸体又抛回大海这件事，引发了人们深深的遗憾和强烈的谴责。尤其是日本的一些生物学家，对此举简直气愤得"切齿扼腕""怒发冲冠"，他们指责船长"无知、愚蠢"。日本生物学权威鹿间时夫教授说："怎么也不该扔掉，看来日本的教育太差了，才会发生这样的事。为了2亿日元的商品，竟然把国宝扔掉，简直是国际上的大笑话。"

尽管大洋渔业公司立刻命令在新西兰海域的所有渔船，奔赴现场，重新捕捞怪兽尸体，甚至包括苏联和美国在内的一些国家的船只，也闻讯赶往现场进行捕捞。但由于消息发表之日（7月20日）与丢弃怪物之日已相隔3个月，虽然他们想尽了各种办法寻找它，然而在茫茫的大海里，谁也没能再把它打捞上来。人类可能认识一种新动物的最好机会，就这样遗憾地错过了。

值得庆幸的是，这次发现总算给生物学家们保留下了3件证据：一是怪兽的4张彩色照片；二是四五十根怪兽的鳍须（鳍端部像纤维一样的须条）；三是矢野道彦先生在现场画的怪兽骨骼草图。

（1）照片：是从三个不同角度拍摄的。有两张是刚把渔网拖上甲板时拍摄的，网里是那只全身由白色的脂肪层包裹着的怪兽；另两张是在怪兽由起重机吊起时拍的，其中一张是从怪兽侧面拍的，另一张是从怪兽背面拍的。可以清楚地看到，怪兽有一个硕大的脊背，对称地长着4个大鳍，照片中还可看到它腹内已空，整个身躯肌肉完整，只是头部露出白骨，怪兽白色的脂肪下面有着赤红的肌肉。从个头儿大小来看，海洋里只有鲸鱼、巨鲨、大乌贼可以与它相比。但从照片来看，它的头部甚小，与现存的所有鲸鱼类的头骨截然不同，而且颈部奇长，特别是有4个对称的大鳍，这就没有其他海洋动物或鱼类可以与它相提并论了。

（2）鳍须：这是唯一留下的珍贵物证。它是怪兽鳍端的须状角质物，长23.8厘米，粗0.2厘米，呈米黄色的透明胶状，尖端分成更细的3股，很像人参的根须。

（3）骨骼草图：草图左上方写着："10时40分吊起，尼西（即尼斯湖里的怪兽）被拍了照片。"这是矢野先生当时的记录，他根据现场的观测和大致的测量，画下了这幅草图。怪兽骨骼长10米，头和颈部长约2米，其中头部45厘米，颈的骨骼粗20厘米，尾部长2米，根部粗12厘米，尾端部粗3厘米，身体部分长约6.05米。据他说，骨骼属软骨。

虽然上述这些记录和证据是非常宝贵的，而且成为科学家们研究、鉴定、探讨的依据，但是要依靠它们来确定怪兽究竟属于哪一种动物，还缺少根本性的依据。因为没有实物，无法与已知的各种动物和古生物的化石骨骼做比较，也就无法对比鉴定。所以日本的生物学家们说："哪怕带回一个小小的牙齿骨骼也好呀！"然而，毕竟太遗憾了……

它到底是什么？科学家们至今对此还争论不休，众说纷纭。从1977年报道这一消息后，这场争论大体上经历了这样一个过程：蛇颈龙说——鲨鱼说──→爬行类动物说──→不认识的动物说。

我们简要叙述各派假说的论据：

最初，有认为它是鲸鱼、鲨鱼的，也有说是海豹、海龟的，但是这几种猜测，依照留下的3个证据都被一一否认了：鲸鱼的颈骨比怪兽短；鲨鱼的脂肪藏在肝脏里，而怪兽则在表层；最大的海豹长5~6米，最大的海龟长2米，这比10米长的怪兽要小得多，并且骨骼也不同。现在焦点是人们怀疑它是距今7000万年前便已绝灭了的蛇颈龙的子孙。其中一个主要的依据，是它有那样长的颈。围绕着它的长脖子，人们争论不休，许多学家欣喜地宣布：它是“活着的蛇颈龙”。日本横滨国立大学的鹿间时夫教授认为：“从照片上看，仅限于爬行类，然而可以考虑太古生息过的蛇颈龙，可以说是发现了名副其实的活着的化石。”日本国立科学博物馆古生物第三研究室小岛郁生也说：“从照片看来，似乎是蛇颈龙后裔。蛇颈龙有两种，一种是头小颈长，一种是头稍大颈短；这似乎是颈短的一种……”法国自然博物馆副馆长包雪女士以及一些新西兰生物学家等都同意这种说法。

的确，怪兽与蛇颈龙有着极其相似的地方。人们以怪兽骨骼图与蛇颈龙的化石骨骼做了比较，无论是整个骨架结构，或者局部的鳍、尾、颈，都与之相似。特别应该指出矢野的怪兽骨骼图是根据他的目测和推测画的，并不完全准确，但其结构与短颈蛇颈龙如此相像，不能不说这种蛇颈龙说是有一定根据的。蛇颈龙是生存于侏罗纪后期至白垩纪时期的一种海洋爬行动物，它的细脖子很长。与它外形相似的陆上蜥脚类恐龙，最初也有着细长脖子，但是发展到侏罗纪后期，这种细长颈的恐龙逐渐消亡，代之而起的是白垩纪早期的素食龙（如肿头龙、沧龙等），颈部都比较短了。蛇颈龙也向颈短的方向发展，如果是这样，日本发现的这头怪兽也可以说是更进化了一些吧？于是报上宣布：“这是本世纪的最大的发现！”

但是不久，对那一把唯一的物证——怪物须条，东京水产大学进行了蛋白质的分析，发现它的成分酷似鲨鱼的鳍须，于是报纸、新闻又转向鲨鱼说，一时间“巨鲨”“一种未见过的鲨鱼”的说法又充满了报纸。此时，英、美一些国家的生物学家也持此观点。英国伦敦自然史博物馆的奥韦恩·惠勒说：“这个猎获物大概是鲨鱼，以前在世界各海滨附近曾发现许多别的怪物，结果弄清楚后，都是死鲨鱼。鲨鱼是一类软骨鱼。它们没有硬骨架。当鲨鱼死后，尸体逐渐腐烂时，头部和鳃部先从躯体脱垂，这样就形成一个细长的'颈'，末端像个小小的头。许多日本渔民，甚至更为内行的人都被类似蛇颈龙的形状所愚弄……"这种说法似乎很有道理，而且一时间许多持有蛇颈龙说法的人也都放弃了自己原来的主张。怪兽等于鲨鱼，仿佛已成定论。

但是，经过再次测试须条，又不能肯定它是鲨鱼了，加上一部分科学家坚持爬行类动物说，鲨鱼说又开始动摇。的确，根据科学家和日本记者的现场调查，提出了种种否定它是鲨鱼的根据：其一，鲨鱼的肉是白的，姥鲛的肉是粉红色的，而怪兽的肉则是赤红的。

其二，当"瑞弹丸"船员们把它捞上来时，现场没有一个人怀疑它是鲨鱼，为什么呢？记者调查了这个问题。原来鲨鱼没有排尿器，体内积蓄的尿是利用海水的浸透压力，从全身排出的；因此，鲨鱼的肉有一种尿特有的臭味，有经验的渔民都会闻出来。"瑞弹丸"的渔民们正是由于这一点而否定了它是鲨鱼。

其三，如果真是鲨鱼，那么具有软骨架的鲨鱼，在死了半年之后，是绝对不会被起重机吊起来的。因为尸体开始腐烂，软骨也开始腐烂，尸体的软骨架绝对经受不住大约两吨的自重。对此，许多鱼类学权威都认为这是否定鲨鱼说的一个重要论据。

其四，怪兽有较厚的脂肪层，包裹在全身的肌肉上，而鲨鱼只在肝脏里才有脂肪。

于是，从鲨鱼说又转回到爬行类动物说。证明怪兽可能是爬行类动物还有一个重要的论据，即怪兽的头部呈三角形，这是爬行类独具的特点，日本著名科学漫画家石森章太郎根据骨骼草图，画了一幅怪兽复原图，如果照此图来看，它可真像一个爬行类动物了。

1977 年 9 月 1 日和 19 日，在日本东京召开了两次有关怪兽身份问题的学术讨论会，参加会议的人有鱼类、化石、鲸鱼、古生物学、比较解剖学、生物化学、血清等方面的专家共 19 人。他们研究了照片、草图和鳍须的组织切片，进行了认真的讨论，写出了 9 篇论文。综合两次座谈会的讨论意见，会议主持人、东京水产大学校长佐木忠义于同年 12 月 15 日下午向报界发表了日本学术界的研究结论：

（1）从怪兽鳍端须条的化学成分来看，得不出是鲨鱼的结论；

（2）从怪兽的两对腹鳍、长身体、长尾巴以及身体表面都是脂肪等特点来看，是和迄今已知的鱼类完全不同的一种动物；

（3）在分类学上，很可能是代表着全新的一种人类未认识的动物（海栖爬行类动物）。

现在，人们都盼望在南纬 43°53′，东经 173°48′曾经打捞上怪兽尸体的地方，有一天会再现怪兽的踪影。或许它正是人们所期待的史前爬行动物。

神秘的海妖

相比湖怪，也许海妖更神秘一些。因为不管怎么样，湖里的水可以抽干，海里的水恐怕就不容易了。下面谈的便是形形色色的海妖。布赖恩·牛顿在《怪物与人》一书中，对德国潜艇 U28 在 1915 年用鱼雷击沉英国汽船“伊比利亚”号进行了生动的描述。当“伊比利亚”下沉时，它在水中发生了巨大的爆炸。德国潜艇指挥官乔治·巩特尔·费黑尔·冯·福斯特纳和他的艇员惊异地看到，一个巨大的海怪被这爆炸抛向空中。这些德国的目击者说，它至少有 18 米长，而且看上去像一条巨大的鳄鱼，但它却长有 4 只带蹼的脚和一条尖尖的尾巴。

亚里士多德在《动物历史》一书中写到：“在利比亚，蛇都非常大。经过海岸的水手们说他们看到许多牲口的骨头，在他们看来，这些牲口是被蛇吃掉的。而且，在他们继续航行时，那些蛇过来攻击他们，它们爬上一条三层船上并将它倾覆。李维（公元前 59 年 ~ 公元 17 年）记述了一个巨大的海怪，它甚至扰乱了布匿战争期间无所畏惧的罗马军团。最后，它被罗马军团的重型导炮和投石器摧毁。”

《自然历史》的作者普林尼曾提到，有一支希腊部队按马其顿国王亚历山大的命令在进行探险，他们在波斯湾受到了许多有 9 米长的海蛇状怪异动物的攻击。

尽管这些海蛇状的怪物可能会是形状巨大、速度很快、非常强壮的怪物，但是与一位澳大利亚潜水员从南太平洋所报告的“怪物”相比，它们都显得无足轻重。那是 1953 年，这位澳大利亚潜水员使用当时最新型的设备，正进行一项破记录的潜水。有一条 4.5 米长的鲨鱼尾随着这位潜水员，当这条鲨鱼盘旋地向下游到他的上方时，它似乎很好奇，并没有攻击的意思。潜水员来到一处暗礁并停了下来。在暗礁下方有一巨大的深沟。这条深沟似乎是向下永远地通向未知的黑暗世界。他不打算再往下走了，只是站在暗礁上四处观察。鲨鱼距离他有 9 米，相对高出他 6 米。

突然海水变冷了，一个怪物从暗礁下面那巨大的黑洞中冒了出来。他形容说，它是一个平平的、褐色的东西，有一个球场那么大，深褐色，而且很慢地收缩。它从他和暗礁边漂浮上去，此时他一丝不动地站在那里。那条鲨鱼也没有动，或许是因为那怪物从深洞中带出的寒冷，或许是因为极度恐惧（如果鲨鱼的大脑能够体验到这种心情的话）。这位吓坏了的潜水员看到，那张活生生的大被单一样的怪物抓住了鲨鱼，这条鲨鱼无助地挣扎着，然后随着那怪物沉了下去。潜水员继续看着直到它消失在黑暗之中。渐渐地水温又恢复了，他也谢天谢地安全地返回到了水面。

那么，海怪会是什么样的呢？有没有一种全都包容的理论呢？或者，也许我们正在寻找几种适合不同目击情况的特定假设？这第一个和最可信的解释就是，我们正在注意到来自较早时代所幸存下的动物，或者我们正在注意到那些幸存下来的动物们的变异后代，它们沿着不同的演变过程进化而来。这个世界很大，它的湖泊和大洋很深，足以容纳下大量人类未曾见过的巨大的和神秘的怪物。未知领域并未完全消失，我们对大洋深处的了解不及我们对火星表面的了解。

更随意的推断也许会得出这样的可能性，即海怪不仅对我们这些陆地人是陌生的，而且对这个地球也是陌生的。体积这么大的东西需要更大的飞船，要比人类登月的飞船还要大。当然，体积的大小不会成为星际旅行的最终障碍。许多古代的人们都拜奉水神，以至于好思索的人文历史学家有时会怀疑，是否那些鬼怪似的半水生动物来自“其他的地方”，也许在海洋最深的隐蔽之处留下了他们的战马、宠物或他们的后代。

正如卑尔根市的主教埃里克·庞托比丹1755年在他的《挪威自然历史》一书中写到：“假设有这种可能，即海洋的水能被排出，而且会被某种特大事故排空，那么，令人难以置信的无数的和各种非同寻常而又令人惊讶的海怪就可能展现在我们的眼前，这些都是我们完全未知的事物！人们为海洋动物的存在而争吵，认为它们的存在是虚构的，而眼前的这番景观马上就会确定关于海洋动物的许多假设的真实性。”

许多人认为太平洋里的怪兽、尼斯湖怪兽等都是无稽之谈，根本不可能存在。他们认为生活在恐龙时代的生物根本不可能还会活到今天。但是奇迹的确发生了：一种生活在4亿年前远古时代的古老大鱼——矛尾鱼，真正的活化石，被人们捕捞上岸。这一惊人的发现证实了大海里确有古老生命的后裔存活着。

1939年1月正在英国度假的生物学家史密斯教授收到了一封寄自南非的信，寄信人是一位在南非博物馆工作的生物学家拉蒂迈女士。信中夹有一张不知名的鱼的速写图，信里写到：“去年12月22日，我在集市上发现了一条奇怪的鱼，从来没见过。它有1.5米长，有个奇怪的像矛一样的尾巴，背上长着两个鳍，是附近渔民在海里捕捞上来的。我想它肯定是我们尚不知道的一种鱼，所以我把它买了下来。请问教授，这是什么鱼?”

史密斯教授看完后，惊叫了一声：“这不是生活在4亿年前的矛尾鱼吗?”他急急忙忙地找出了古生物化石图鉴定，对照结果，一点没错，这正是矛尾鱼。可是，人们只在古老的岩层里发现过它在4亿年前生活时的化石。“难道还会有活着的矛尾鱼?”教授实在不敢相信这是真的，根据化石测定，矛尾鱼4亿年前生活在淡水域里，于7000万年前的白垩纪灭绝。

具有永无止境探索精神的史密斯教授迫不及待地收拾好行装，乘上火车、飞机，日夜兼程赶往南非开普敦的南非博物馆。因为，拉蒂迈女士把这条鱼买下来以后就存放在博物馆里。史密斯教授一到，来不及寒暄客套，就冲着拉蒂迈女士说：“那条鱼在哪儿，快带我去看。”尽管史密斯一点时间也没耽搁地赶到了，但从拉蒂迈女士买下这条鱼到现在，已经近两个月了，鱼已腐烂。为了防止这条珍贵的不知名的鱼的毁坏，拉蒂迈女士和博物馆的人把它制成了标本，史密斯教授赶到所看到的只是它的标本。不过虽然仅是标本，但毕竟是刚死不久的矛尾鱼做成的标本。

史密斯仔细观看了这条奇怪的鱼，它的外表既像鲑鱼，也像鲤鱼和鲫鱼，可它的个头儿真大，有1.4米长，58千克重；全身呈暗绿色，尾部很像古代兵器——矛；特别是背上长着两个鳍，完全是矛尾鱼的特征。史密斯教授对拉蒂迈女士及其同行说：“我敢肯定这就是活着的4亿年前的鱼——矛尾鱼。虽然发现的化石体长仅59厘米，是矛尾鱼通常体长的三分之一，但所有的特征都表明它就是活着的矛尾鱼。我们终于找到了活着的化石标本，拉蒂迈女士是最先发现这条鱼的人，应该起名叫‘拉蒂迈鱼’。”

矛尾鱼属于硬骨鱼。此类鱼共有4种科目，现存仅发现此一种，正式命名为“拉蒂迈鱼”，以纪念拉蒂迈女士划时代的发现。

矛尾鱼与众不同，它有许多奇特而又神秘的地方。经过仔细的观察研究，史密斯教授认为，矛尾鱼的发现为海洋生物学打开了一个新的研究之路，因为矛尾鱼身上有太多的神秘之处。

最奇怪的是它的鳍，普通的鱼鳍里都没有肌肉，更没有骨骼，而在矛尾鱼的鳍里却有很厚的肌肉，特别奇怪的是在它的一对强大的胸鳍和一对腹鳍里还有一段管状的骨骼。有肌肉就可以运动，这就说明了矛尾鱼的鳍是可以运动的“手”和“脚”，而鳍中的管状骨骼正是海洋生物上岸所必须具有的“支撑架”。矛尾鱼正是海洋生物刚刚进化上岸之时的一种鱼，所以它的发现为生物进化找到了活证据。陆地上的生物是从海洋里的生物进化的，这种进化正是从鱼鳍产生肌肉、骨骼变成四肢而发生的。矛尾鱼的身上正具有这些明显的特点。顺便说一下，它的两个背鳍和巨大的尾部，相配合可以运用自如地在海中游泳，以躲避危险和寻找食物。

矛尾鱼的发现，轰动了全世界，因为人类第一次找到了活着的鱼类老祖宗，生物进化史上的活标本。为了进一步深入研究，史密斯教授与拉蒂迈女士觉得，必须捞上一条活着的矛尾鱼进行研究，那样会发现更多尚不知晓的神秘之处。

于是他们决心寻找活着的矛尾鱼。史密斯教授亲自在报纸上刊登启事：谁能捉到第二条活矛尾鱼，奖赏100英镑（当时英镑比现在价值高）。但是不久爆发了范围广泛的第二次世界大战，由于战事的影响，寻找矛尾鱼之事只好暂停。

1952年12月24日，史密斯教授突然接到一封急电："矛尾鱼找到，请立刻来看。"这是船长汉特从非洲东南部的岛国科摩罗的一个小岛上发来的。教授急忙启程。没有班机，他就专门请空军派了一架部队的专机，当天赶到了科摩罗群岛。果然是一条活着的矛尾鱼，是在科摩罗群岛中的昂儒昂岛附近海上捕捞到的。

从捕捞上第一条活着的矛尾鱼以来，迄今为止已在靠近非洲的印度洋中捕捞上至少80多条矛尾鱼。一般说来，这种鱼是靠钓上来的。今天，世界许多国家的博物馆中都保存有矛尾鱼的标本。从来不甘落后的日本人也亲自开着船跑到了南非附近的印度洋上，终于在1981年也捕到了一条。20世纪80年代，矛尾鱼还从非洲远道运至我国的北京自然博物馆展出过。

人们对这种奇特的鱼表现出了浓厚的兴趣，但很少有人知道这种鱼的奇闻怪事。这么古老的鱼，又大又笨，它如何能在海洋中躲避天敌，又怎么生活？根据考古发现，远古时代矛尾鱼生活在湖泊和泥沼里，后来由于环境的变化，它们到了深海。众所周知，湖泊和泥沼里都是淡水，矛尾鱼怎么能生活在盐海里呢？而且它们仅仅分布在南部非洲东南沿海里，这是什么缘故呢？后来科学家终于发现，在矛尾鱼分布地区的海水中有一个淡水区域，矛尾鱼正是生活在这片海水中的淡水区域内的150～500米的深海区，仅每年11月到次年1月短短的两个月中才会浮到海面上来。

这至少告诉我们两件事：

（1）由于它很少到海面上来，所以人们长期没有发现它，说明深海区可能还有我们所不认识的海洋生物。

（2）和4亿年前一样，它还在淡水域生活，正是印度洋中有了这么一块海中淡水区才使得很少有天敌与它对抗，使它繁衍至今。至于在这片深海中为什么会有淡水域，这更是谜，至今尚未得出结论。海洋中真是无奇不有啊！

矛尾鱼还有一点不同于其他鱼的特征。普通鱼的脑重占体重0.1%～1%，而矛尾鱼不到0.01%，但脑中高分子蛋白却多于其他鱼，而且矛尾鱼有内鼻孔，这是鱼类登陆进化的证明。

既然4亿年前的矛尾鱼能够适应越来越复杂的海洋环境而生存到了今天，那么如此广阔的海洋中很有可能不仅仅只有这一种史前动物。

日本海洋水产资源开发中心的阿部宗明先生（鱼类学家）曾经在1977年查阅资料时发现，1934年在法国海岸也曾打捞过一个巨大怪兽的尸体，几乎与在新西兰捕捞上来的那一只一模一样。在这本名叫《征服海底》的文献中，阿部宗明先生看到了文献上的照片，他认为两种怪兽非常相似，特别是前脊背部分。

据此文献记载，1934年，在法国因什布尔附近的海域，打捞过一只体长8.1米的巨兽尸体，当时虽然引起骚动和人们的注意，但对怪兽的来历还是不清楚。阿部宗明说："当时世界上的科学家们只是依靠信件来递送情报，点燃着探索海洋未知生命来历的兴趣，而不具备现在的通讯网络手段。如果今天再发现，相信43年前（1977年写的文章）的新闻会变成实实在在的科学研究。"

既然矛尾鱼的发现已经明白无误地告诉我们，生活在史前的古生物还活在今天的海洋里，既然人类对海洋的认识尚处于婴儿般的认识阶段，因此，我们完全有理由认为，海洋中或者一些由海洋演变成的湖泊中确实存在一些不为我们所知的生命体，它们早晚有一天会与我们人类见面。

奇特的"海底光轮"

1973年4月，一个叫丹·德尔莫尼奥的船长，在百慕大海区附近的斯特林姆湾明澈的海水里，看到一个形如大雪茄烟的潜航物体。它长约40～60米，两头又圆又粗，航速每小时达100～130千米。这个潜航物体两次出现都是在下午4时左右，并且都是在比米尼岛和迈阿密之间的水域。这位船长非常担心轮船与它相撞，但它不久就消失在轮船下方的深海中。

1973 年 11 月 6 日深夜，美国的雷蒙德·瑞安及其儿子在一条玻璃纤维压膜摩托艇上发现了水下不明物体。这形状若降落伞盖的金属体，其直径约 30 米，发着乳白色强光。

当瑞安父子俩驾艇向着水下亮光驶去时，亮光却渐渐暗下去。瑞安用桨板插入水中去碰那发光体，对方无反应；当碰着它时，亮光就全熄灭了。水下发光体像跟他们捉迷藏，当摩托艇靠拢时，亮光黯淡；当摩托艇离开时，重又白光闪耀。当海岸警备队的汽艇开来时，不明潜水物进入主航道向海湾潜航而去，未在水面留下任何痕迹。

北大西洋公约组织于 1973 年在大西洋上举行联合军事演习时，有艘主力舰发现了不明潜水物。当时，这个半浮在海面上的巨大物体被舰队指挥官当成不明国籍的间谍潜艇，于是一声令下，炮弹、鱼雷纷纷向它飞来。但不明潜水物毫无损伤，当它随即下潜时，整个舰队的所有无线电通讯设备统统失灵。直到 10 分钟后那个不明潜水物完全匿迹时，舰队的无线电通讯联系才恢复正常。

这是当年最为轰动的一次不明潜水物事件。为什么 1973 年百慕大海区频频出现这种不明潜水物？看来这与当年不明飞行物“风潮”的出现不无关联。特别是 10 月到 11 月间，各界人士目击了几十个不明飞行物飞越百慕大“魔三角”的南部及加勒比海，有的潜入水中，有的突然从水中冒出来。

1963 年，百慕大海域波多黎各岛东南部水面下，出现过一个神秘的不明潜水物。美国海军派出一艘驱逐舰和一艘潜水艇先后到此追赶此物，可连续追赶了 4 天，还是没有追上，让它在海下失去了踪迹。在美国潜艇追踪过程中，发现对方有时竟能钻到 8000 米的深海沟中。

还在 100 多年前，英国货轮“海神”号就曾与不明潜水物相遇过。当货轮航行到非洲西部几内亚湾附近海域时，船员们突然发现，在船头前方约 100 米处有一个巨大的怪物漂浮在海上，好像是一个巨型闪光金属物。当“海神”号向它驶近时，漂浮着的怪物竟没有溅起一点浪花，无声无息地潜入水底不见了。要知道，那时潜水艇尚未问世。

近几十年来，地球各大洋水域都曾出现过不明潜水物的活动。不仅如此，不明潜水物的存在形态可能是多样化的。1967 年 3 月与 10 月间，在亚洲东南部的泰国湾，先后 5 次出现“闪闪发光的海底巨轮”现象。当时许多光带飞速从水下穿过，像是从一个旋转的中心光源中辐射出来的一般。我国“成都”号远洋轮的船长曾两次亲眼目睹到这种奇特的“海底光轮”。

对于这样一种直径达数千米的、能够像性能良好的机械那样运转的有组织的“活”的机体，有的科学家认为是“智慧现象”，而有的科学家虽然不认可，但是也提不出其他更有说服力的证明。

这样看来，要想真正揭开这些“海底光轮”的神秘面纱，仍然需要很长的时间呢！